中公文庫

戦争史大観

石原莞爾

中央公論新社

戦争史大観　目次

序　文

昨年の末感ずるところあり、京都で御世話になった方々及び部下の希望者に「戦争史大観」を説明したい気持になり、年末年始の休みに要旨を書くつもりであったが果さなかった。正月に入って主として出張先の宿屋で書きつづけ二月十二日辛うじて脱稿した。二月末高木清寿氏来訪、原稿をお貸ししたところ、執拗に出版を強要せられ遂に屈伏してしまった。そこで読み直して見ると前後重複するところもあり、補修すべき点も少なくないが、現役最後の思い出として取敢えずこのまま世に出すこととした。

昭和十六年四月八日

於東京　石原莞爾

第一篇　戦争史大観

昭和四年七月長春に於ける講話要領
昭和十三年五月新京に於て訂正
昭和十五年一月京都に於て修正

第一　緒論

一　戦争の進化は人類一般文化の発達と歩調を一にす。即ち、一般文化の進歩を研究して、戦争発達の状態を推断し得べきとともに、戦争進化の大勢を知るときは、人類文化発達の方向を判定するために有力なる根拠を得べし。

二　戦争の絶滅は人類共通の理想なり。しかれども道義的立場のみよりこれを実現するの至難たることは、数千年の歴史の証明するところなり。

戦争術の徹底せる進歩は、絶対平和を余儀なからしむるに最も有力なる原因となるべく、その時期は既に切迫しつつあるを思わしむ。

三　戦争の指導、会戦の指揮等は、その有する二傾向の間を交互に動きつつあるに対し、戦闘法及び軍の編成等は整然たる進歩をなす。
即ち、戦闘法等が最後の発達を遂げ、戦争指導等が戦争本来の目的に最もよく合する傾向に徹底するときは、人類争闘力の最大限を発揮するときにして、やがてこれ絶対平和の第一歩たるべし。

第二　戦争指導要領の変化

一　戦争本来の目的は武力を以て徹底的に敵を圧倒するにあり。しかれども種々の事情により武力は、みずからすべてを解決し得ざること多し。前者を決戦戦争とせば後者は持久戦争と称すべし。

二　決戦戦争に在りては武力第一にして、外交・財政は第二義的価値を有するに過ぎざるも、持久戦争に於ては武力の絶対的位置を低下するに従い、財政・外交等はその地位を高む。即ち、前者に在りては戦略は政略を超越するも後者に在りては逐次政略の地位を高め、遂に将帥は政治の方針によりその作戦を指導するに至ることあり。

三　持久戦争は長期にわたるを通常とし、武力価値の如何により戦争の状態に種々の変化を生ず。即ち、武力行使に於ても、会戦を主とするか小戦を主とするか、あるいは機動を主とするか等各種の場合を生ず。しかして持久戦争となる主なる原因次の如し。

Ⅰ　軍隊の価値低きこと。

十七、八世紀の傭兵、近時支那の軍閥戦争等。

Ⅱ　軍隊の運動力に比し戦場の広きこと。

ナポレオンの露国役、日露戦争、支那事変等。

Ⅲ　攻撃威力が当時の防御線を突破し得ざること。

欧州大戦等。

四　両戦争の消長を観察するに、古代は国民皆兵にして決戦戦争行なわれたり。用兵術もまた暗黒時代となれる中世を経て、ルネッサンスとともに新用兵術生まれしが、重金思想は傭兵を生み、その結果、持久戦争の時代となれり。フリードリヒ大王は、この時代の用兵術発展の頂点をなす。

大王歿後三年にして起れるフランス革命は、傭兵より国民皆兵に変化せしめて戦術上に大変化を来たし、ナポレオンにより殲滅戦略の運用開始せられ、決戦戦争の時代となれり。モルトケ、シュリーフェン等により、ますますその発展を見たるも、防御威力の増加は、南阿戦争、日露戦争に於て既に殲滅戦略運用の困難なるを示し、欧州大戦は遂に持久戦争に陥り、タンク、毒ガス等の使用により、各交戦国は極力この苦境より脱出せんと努力せるも、目的を達せずして戦争を終れり。

五　長期戦争は現今、戦争の常態なりと一般に信ぜられあるも、歴史は再び決戦戦争の時代を招来すべきを暗示しつつあり。しかして将来戦争は恐らくその作戦目標を敵国民となすべく、敵国の中心に一挙致命的打撃を加うることにより、真に決戦戦争の徹底を来たすべし。

第三　会戦指揮方針の変化

一　会戦指揮の要領は、最初より会戦指導の方針を確立し、その方針の下に一挙に迅速に決戦を行なうと、最初はまずなるべく敵に損害を与えつつ、わが兵力を愛惜し、機を見て決戦を行なうとの二種に分かつを得べし。

二　しかして両者いずれによるべきやは、将帥及び軍隊の特性と当時の武力の強靭性いかんによる。

ギリシャのファランクスは前者に便にして、ローマのレギオンは後者に便なり。これ主として両国国民性の然らしむるところ。ギリシャ民族に近きドイツと、ローマ民族に近きフランスが、欧州大戦初期に行なえる会戦指導方針と対比し、ここに面白き対照を与う。また、その使用せる武力の性質によりしといえども、ドイツ民族より前者の達人たるフリードリヒ大王を生じ、ラテン民族より後者の名手たるナポレオンを生じたるは、必ずしも偶然とのみ称し難きか。

三　横隊戦術に於ては前者を有利とするに対し、ナポレオン時代の縦隊戦術は兵力の梯次的配置により戦闘力の靭強性を増加し、且つ側面の強度を増せるため自然、後者を有利とすること多し。

爾後、火器の発達により正面堅固の度を増すに従い、戦闘正面の拡大を来たし逐次、横隊戦術に近似するに至れり。欧州大戦初期に於けるドイツ軍のフランス侵入方法は、ロイテン会戦指導原理と相通ずるものあり。欧州大戦に於て敵翼包囲不可能となるや、強固なる正面突破のため深き縦長を以て攻撃を行ない、会戦指揮は、またもや第二線決戦を主とするに至れり。

第四　戦闘方法の進歩

一　古代の密集戦術は「点」の戦法にして単位は大隊なり。横隊戦術は「実線」の戦法にして単位は中隊、散兵戦術は「点線」の戦法にして単位は小隊を自然とす。戦闘の指導精神は横隊戦術に於ては「専制」にして、散兵戦術にありては「自由」なり。

日露戦後、射撃指揮を中隊長に回収せるは苦労性なる日本人の特性を表わす一例なり。もし散兵戦闘を小隊長に委すべからずとせば、その民族は既にこの戦法時代に於ける落伍者と言わざるべからず。
戦闘群戦術は「面」の戦法にして単位は分隊とす。その戦闘指導精神は統制なり。

二　実際に於ける戦闘法の進歩は右の如く単一ならざりしも、この大勢に従いしことは否定すべからず。

三　将来の戦術は「体」の戦法にして、単位は個人なるべし。

第五　戦争参加兵力の増加と国軍の編成

一　職業者よりなる傭兵時代は兵力大なる能わず。国民皆兵の徹底により逐次兵力を増加し、欧州大戦には全健康男子これに加わるに至れり。

二　将来、戦闘員の採用は恐らく義務より義勇に進むべく、戦争に当りては全国民が殺戮の渦中に投入せらるべし。

三　国軍の編制は兵力の増加に従い逐次拡大せり。特に注目に値するは、ナポレオンの一八一二年役に於て、実質に於て三軍を有しながら、依然一軍としての指揮法をとり、非常なる不便を嘗《な》めたりしが、欧州大戦前のドイツ軍は既に思想的には方面軍を必要としありしも遂に、ここに着意する能わずして、第一・第二・第三軍を第二軍司令官に指揮せしめ、国境会戦にてフランス第五軍を逸する一大原因をなせり。

戦史の研究に熱心なりしドイツ軍にして然り。人智の幼稚なるを痛感せずんばあらず。

第六　将来戦争の予想

一　欧州戦争は欧州諸民族の決勝戦なり。「世界大戦」と称するは当らず。第一次欧州大戦後、西洋文明の中心は米国に移りつつあり。次いで来たるべき決戦戦争は日米を中心とするものにして真の世界大戦なるべし。

二　前述せる戦争の発達により見るときは、この大戦争は空軍を以てする決戦戦争にして、次に示す諸項より見て人類争闘力の最大限を用うるものにして、人類の最後の大戦争なるべし。即ち、この大戦争によりて世界は統一せられ、絶対平和の第一歩に入るべし。

Ⅰ　真に徹底せる決戦戦争なり。

Ⅱ　吾人は体以上のものを理解する能わず。

Ⅲ　全国民は直接戦争に参加し、且つ戦闘員は個人を単位とす。即ち各人の能力を最大限に発揚し、しかも全国民の全力を用う。

三　しからばこの戦争の起る時機いかん。

Ⅰ　東亜諸民族の団結、即ち東亜連盟の結成。
Ⅱ　米国が完全に西洋の中心たる位置を占むること。
Ⅲ　決戦用兵器が飛躍的に発達し、特に飛行機は無着陸にて容易に世界を一周し得ること。
右三条件はほとんど同速度を以て進みあるが如く、決して遠き将来にあらざることを思わしむ。

第七　現在に於ける我が国防

一　天皇を中心と仰ぐ東亜連盟の基礎として、まず日満支協同の完成を現時の国策とす。
二　国防とは国策の防衛なり。即ち、わが現在の国防は持久戦争を予期して次の力を要求す。
Ⅰ　ソ国の陸上武力と米国の海上武力に対し東亜を守り得る武力。
Ⅱ　目下の協同体たる日満両国を範囲とし自給自足をなし得る経済力。
三　満州国の東亜連盟防衛上に於ける責務真に重大なり。特にソ国の侵攻に対しては、在大陸の日本軍とともに断固これを撃破し得る自信なかるべからず。

付表　近世戦争進化景況一覧表

時代			フリードリヒ大王	ナポレオン	モルトケ	シュリーフェン	欧州大戦	**最終戦争**
戦争の性質			持久戦争	決戦戦争			持久戦争	**決戦戦争**
作戦	目標（作戦要領）		土地	軍隊（会戦前集結）	軍隊（会戦地集結）	軍隊（敵の側背へ）	土地	**国民**（敵国の中心へ）
作戦	会戦の性質		第一線決戦	第二線決戦	第一線決戦		第二線決戦	**一挙決戦**
戦闘	隊形		横隊	散兵（縦隊）	散兵（中隊縦隊）	散兵（散兵）	戦闘群	
戦闘	隊形		線				面	**体**
戦闘	単位		大隊		中隊	小隊	分隊	**個人**
戦闘	指導精神		専制	自由			統制	
軍制	国軍の編成		師団	軍	数軍		数方面軍	
軍制	兵役		常備傭兵	国民皆兵				
軍制	兵役			逐次兵数増加			全健康男子	**全国民**
軍制	兵役		職業	義務				**義勇**

【解　説】

これは石原莞爾の戦争史観の骨子を最も簡明に要約したものである。その最初の成立と改訂の過程は、彼の回想で明らかにされている（本書二五頁）。

本篇は純軍事学的な論述で、本書に収めるのは、いささか適当でないとも思われるが、次に出る彼の回想記とも自伝とも言うべき一篇が「戦争史大観の由来記」なので、やはりこれは載せるべきであろう。新正堂版にも収めてある。

石原のやや軍事学的な論篇に「戦争史大観の説明」がある。それは石原が現役の最後の頃、即ち昭和十六年正月から執筆を始めて、二月十二日に脱稿している。これに「戦争史大観の由来記」（当時は「戦争史大観の序説」と題した）を加えて、中央公論社から出版することにし、同社では一万部の印刷、製本を終り発売に踏み切ったとたん、当局の指示で自発的絶版にせざるを得なかったものである。

新版に当って、これも用字と用語を少しく改めた。

なお、石原の戦争史学説の純軍事学的な論文は原書房刊『石原莞爾資料――戦争史論篇』として出版されている。これは「御進講録草案」と陸軍大学での講義原稿を収めたものである。専門的な研究は同書によられたい。

（石原六郎）

第二篇　戦争史大観の序説（別名・戦争史大観の由来記）

昭和十五年十二月三十一日於京都脱稿
昭和十六年六月号『東亜連盟』に掲載

私が、やや軍事学の理解がつき始めてから、殊に陸大入校後、最も頭を悩ました一問題は、日露戦争に対する疑惑であった。日露戦争は、たしかに日本の大勝利であった。しかし、いかに考究しても、その勝利が僥倖の上に立っていたように感ぜられる。もしロシヤが、もう少し頑張って抗戦を持続したなら、日本の勝利は危なかったのではなかろうか。

日本陸軍はドイツ陸軍に、その最も多くを学んだ。そしてドイツのモルトケ将軍は日本陸軍の師表として仰がれるに至った。日本陸軍は未だにドイツ流の直訳を脱し切っていない。例えば兵営生活の一面に於ても、それが顕著に現われている。服装が洋式になったのは、よいとしても、兵営がなお純洋式となっているのは果して適当であろうか。脱靴だけは日本式であるが、田舎出身の兵隊に、慣れない腰掛を強制し、また窮屈な寝台に押し込んでいる。兵の生活様式を急変することは、かれらの度胆を抜き、不慣れの集団生活と絶対服従の規律の前に屈伏させる一手段であるかも知れないが、しかし国民の兵役に対する自覚が次第に立派なものに向上して来た今日では、その生活様式を国民生活に調和させることが必要である。のみならず更にあらゆる点に、積極的考慮が払われるべきではないだろうか。

軍事学については、戦術方面は体験的であるため自然に日本式となりつつあるものの、大戦略即ち戦争指導については、いかに見てもモルトケ直訳である。もちろん今日ではルーデンドルフを経てヒットラー流（？）に移ったが、依然としてドイツ流の直訳を脱してはいない。

日露戦争はモルトケの戦略思想に従い「主作戦を満州に導き、敵の主力を求めて遠くこれを北方に撃攘し、艦隊は進んで敵の太平洋艦隊を撃破し以て極東の制海権を獲得する……」という作戦方針の下に行なわれたのである。武力を以て迅速に敵の屈伏を企図し得るドイツの対仏作戦ならば、かくの如き要領で計画を立てて置けば充分である。元来、作戦計画は第一会戦までしか立たないものである。

しかしながら日本のロシヤに対する立場はドイツのフランスに対するそれとは全く異なっている。日本の対露戦争には単に作戦計画のみでなく、戦争の全般につき明確な見通しを立てて置かねばならないのではないか。これが私の青年時代からの大きな疑問であった。

日露戦争時代に日本が対露戦争につき真に深刻にその本質を突き止めていたなら、あるいは却ってあのように蹶起する勇気を出し得なかったかも知れぬ。それ故にモルトケ戦略の鵜呑みが国家を救ったとも言える。しかし今日、世界列強が日本を嫉視している時代となっては、正しくその真相を捉え根底ある計画の下に国防の大方針を確立せねばならぬ。これは私の絶えざる苦悩であった。

陸大卒業後、半年ばかり教育総監部に勤務した後、漢口の中支那派遣隊司令部付となった。当時、漢口には一個大隊の日本軍が駐屯していたのである。漢口の勤務二個年間、心ひそかに研究したことは右の疑問に対してであった。しかし読書力に乏しい私は、殊に適当と思われる軍事学の書籍が無いため、東亜の現状に即するわが国防を空想し、戦争を決戦的と持続的との二つに分け、日本は当然、後者に遭遇するものとして考察を進めて見た。

ロシヤ帝国の崩壊は日本の在来の対露中心の研究に大変化をもたらした。それは実に日本陸軍に至大の影響を及ぼし、様々に形を変えて今日まで、すこぶる大きな作用を為している。ロシヤは崩壊したが同時に米国の東亜に対する関心は増大した。日米抗争の重苦しい空気は日に月に甚だしくなり、結局は東亜の問題を解決するためには対米戦争の準備が根底を為すべきなりとの判断の下に、この持続的戦争に対する思索に漢口時代の大部分を費やしたのであった。当時、日本の国防論として最高権威と目された佐藤鉄太郎中将の『帝国国防史論』も一読した。この史論は、明治以後に日本人によって書かれた軍事学の中で最も価値あるものと信ぜられるが、日本の国防と英国の国防を余りに同一視し、両国の間に重大な差異のあることを見遁している点は、遺憾ながら承服できなかった。かくて私は当時の思索研究の結論として、ナポレオンの対英戦争が、われらの最も価値ある研究対象であるとの年来の考えを一層深くしたのであった。明治四十三年頃、韓国守備中に、箕作博士の『西洋史講話』を読んで植え付けられたこの点に関する興味が、不断に私の思索に影響を与えつつあったのである。

ただ、箕作博士の所論もマハン鵜呑みの点がある。後年、箕作博士が陸軍大学教官となって来られた際、一度この点を抗議して博士から少しく傾聴せられ来訪をすすめられたが、遂に訪ねる機会も無くそのままとなったのは、未だに心残りである。

大正十二年、ドイツに留学。ある日、安田武雄中将（当時大尉）から、ルーデンドルフ一党とベルリン大学のデルブリュック教授との論争に関する説明をきき、年来の研究に対し光明を与えられしことの大なるを感知して、この方面の図書を少々読んだのであるが、語学力が不充分で、読書力に乏しい私は、あるいは半解に終ったかとも思われるが、ともかくデルブリュック教授の殲滅戦略、消耗戦略の大体を会得し得て盛んにこの言葉を使用し、陸軍大学に於ける私の欧州古戦史の講義には、戦争の二大性質としてこの名称を用いたのであった。

ドイツに赴く途中、シンガポールに上陸の際、国柱会《こくちゅうかい》の人々から歓迎された席上に於て、私はシンガポールの戦略的重要性を強調し、英国はインドの不安を抑え、豪州防衛のために戦略的側面陣地価値ある同地を、近く要塞化すべきを断じたのであったが、この後、間もなく実現したので、当時列席した人から感慨深い挨拶状を受けたことがあった。

ドイツ留学の二年間は、主として欧州大戦が殲滅戦略から消耗戦略に変転するところに興味を持って研究したのであるが、語学力の不充分と怠慢性のため充分に勉強したと言えず、誠にお恥ずかしい次第である。欧州大戦につき少しく研究するとともに、デルブリュックとドイツ参謀本部最初の論争戦であったフリードリヒ大王の研究を必要とし、且つかねての宿望であったナポレオンを研究し、大王の消耗戦略からナポレオンの殲滅戦略への変化は欧州大戦の変化とともに軍事上最も興味深い研究なるべしと信じ、両名将の研究に要する若干の図書を買い集めたのであった。

明治の末から大正の初めにかけての会津若松歩兵第六十五連隊は、日本の軍隊中に於ても最も緊張した活気に満ちた連隊であった。この連隊は幹部を東北の各連隊の嫌われ者を集めて新設されたのであったが、それが一致団結して訓練第一主義に徹底したのである。明治四十二年末、少尉任官とともに山形の歩兵第三十二連隊から若松に転任した私は、私の一生中で最も愉快な年月を、大正四年の陸軍大学入校まで、この隊で過ごしたのである。いな、陸軍大学卒業までも、休みの日に第四中隊の下士室を根城として兵とともに過ごした日は、極めて幸福なものであった。

私自身は陸大に受験する希望がなかったのであるが、余り私を好かぬ上官たちも、連隊創設以来一名も陸大に入学した者がないので、連隊の名誉のためとて、比較的に士官学校卒業成績の良かった私を無理に受験させたのである。私の希望通り陸大に入校しなかったならば、私は自信ある部隊長として、真に一介の武人たる私の天職に従い、恐らく今日は屍を馬革に包み得ていたであろう。しかるに私は入学試験に合格した。これには友人たちも驚いて「石原は、いつ勉強したか、どうも不思議だ」とて、多分、他人の寝静まった後にでも勉強したものと思っていたらしい。余り大人気ないので私は、それに対し何も言ったことはなかったが、起床時刻には連隊に出ており、消灯ラッパを通常は将校集会所の入浴場で聞いていた私は、宿に帰れば疲れ切って軍服のまま寝込む日の方が多かったのである。あのころは記憶力も多少よかったらしいが、入学試験の通過はむしろ偶然であったろうと思う。しかしこれは連隊や会津の人々には大きな不思議であったらしい。

山形時代も兵の教育には最大の興味を感じていたのであるが、会津の数年間に於ける猛訓練、殊に銃剣術は今でも思い出の種である。この猛訓練によって養われて来たものは兵に対する敬愛の念であり、心を悩ますものは、この一身を真に君国に捧げている神の如き兵に、いかにしてその精神の原動力たるべき国体に関する信念感激をたたき込むかであった。私どもは幼年学校以来の教育によって、国体に対する信念は断じて動揺することはないと確信し、みずから安心しているものの、兵に、世人に、更に外国人にまで納得させる自信を得るまでは安心できないのである。一時は筧《かけい》博士の『古神道大義』という私にはむずかしい本を熱心に読んだことも記憶にあるが、遂に私は日蓮聖人に到達して真の安心を得、大正九年、漢口に赴任する前、国柱会の信行員となったのであった。殊に日蓮聖人の「前代未聞の大闘諍《とうじょう》一閻浮提《えんぶだい》に起るべし」は私の軍事研究に不動の目標を与えたのである。

戦闘法が幾何学的正確さを以て今日まで進歩して来たこと、即ち戦闘隊形が点から線に、更に面になったことは陸軍大学在学当時の着想であった。いな恐らくその前からであったらしい。大正三年夏の「偕行社記事別冊」として発表された恐らく曽田中将の執筆と考えられる「兵力節約案」は、面の戦術への世界的先駆思想であると信ずるが、私がこの案を見て至大の興味を感じたことは今日も記憶に明らかである。教育総監部に勤務した頃、当時わが陸軍では散兵戦術から今日の戦闘群の戦法に進むことに極めて消極的であったのであるが、私が自信を以て積極的意見を持っていたのは、この思想の結果であった。

私の最終戦争に対する考えはかくて、

1　日蓮聖人によって示された世界統一のための大戦争。

2　戦争性質の二傾向が交互作用をなすこと。

3　戦闘隊形は点から線に、更に面に進んだ。次に体となること。

の三つが重要な因子となって進み、ベルリン留学中には全く確信を得たのであった。大正何年か忘れたが、緒方大将一行が兵器視察のため欧州旅行の途中ベルリンに来られたとき、大使館武官の招宴があり、私ども駐在員も末席に連なったのであるが、補佐官坂西少将（当時大尉）が五分間演説を提案し最初に私を指名したので私は立って、「何のため大砲などをかれこれ見て歩かれるのか。余り遠からず戦争は空軍により決せられ世界は統一するのだから、国家の全力を挙げて最優秀の飛行機を製作し得るよう今日から準備することが第一」というようなことを述べたのであるが、これは緒方大将を少々驚かしたらしく数年後、陸軍大臣官邸で同大将にお目にかかったとき、特に御挨拶があった。大正十四年秋、シベリヤ経由でドイツから帰国の途中、哈爾賓《ハルビン》で国柱会の同志に無理に公開演説に引出された。席上で「大震災により破壊した東京に十億の大金をかけることは愚の至りである。世界統一のための最終戦争が近いのだから、それまでの数十年はバラックの生活をし戦争終結後、世界の人々の献金により世界の首都を再建すべきだ」といったようなことを言って、あきれられたことも覚えている。

ドイツから帰国後、陸軍大学教官となったが、大正十五年初夏、故筒井中将から、来年の二年学生に欧州古戦史を受け持てとの話があり、一時は躊躇したが再三の筒井中将の激励があり、もともと私の最も興味をもっていた問題であったため、遂に勇を鼓してお受けすることになった。

かくて同年夏、会津の川上温泉に立て籠もり日本文の参考資料に熱心に目を通した。もちろん泥縄式の甚だしいものであったが、講義の中心をなす最終戦争を結論とする戦争史観は脳裡に大体まとまっていたので、とりあえず何とか片付け、大正十五年暮から十五回にわたる講義を試みたのであった。「近世戦争進化景況一覧表」（一五頁参照）はそのときに作られたのである。

昭和二年の同二年学生に対する講義は三十五回であったが、今度は少し余裕があったため、ドイツから持ち帰った資料を勉強し、更にドイツにいた原田軍医少将（当時少佐）、オーストリア駐在武官の山下中将をもわずらわして不足の資料を収集した。昭和元年から二年への冬休みは、安房《あわ》の日蓮聖人の聖蹟で整頓した頭を以て、とにかく概略の講義案を作成した。もちろん、根本理論は前年度のものと変化はないのである。当時、陸軍大学幹事坂部少将から熱心な印刷の要望があったが、充分に検討したものでもないので、これに応ずる勇気も無く、現在も私の手元に保存してある次第である。

昭和三年度のためには、前年の講義録を再修正する前に、私の年来最大の関心事であるナポレオンの対英戦争の大陸封鎖の項に当面し、全力を挙げて資料を整理し、昭和二年から三年への年末年始は、これを携えて伊豆の日蓮聖人の聖蹟に至り、構想を整頓して正月中頃から起草を始めようとしたとき、流感にかかり中止。その後、再び着手しようとすると今度は猛烈な中耳炎に冒されて約半歳の間、陸軍軍医学校に入院し、遂に目的を達せずして終ったのであった。その後もこの研究、特に執筆を始めると不思議にも必ず病気にかかるので「アメリカの神様が必死に邪魔をするんだろう」などと冗談を言うような有様であった。

昭和二年の晩秋、伊勢神宮に参拝のとき、国威西方に燦然として輝く霊威をうけて帰来。私の最も尊敬する佐伯中佐にお話したところ余り良い顔をされなかったので、こんなことは他言すべきでないと、誰にも語ったことも無く、そのままに秘して置いたのであるが、当時の厳粛な気持は今日もなお私の脳裡に鞏固《きょうこ》に焼き付いている。

昭和三年十月、関東軍参謀に転補。当時の関東軍参謀は今日考えられるように人々の喜ぶ地位ではなかった。旅順で関東庁と関東軍幹部の集会をやる場合、関東庁側は若い課長連が出るのに軍では高級参謀、高級副官が止まりで、私ども作戦主任参謀などは列席の光栄に浴し得なかった。満鉄の理事などにも同席は不可能なことで、奉天の兵営問題で当時の満鉄の地方課長から散々に油をしぼられた経験は、今日もなお記憶に残っている。

関東軍に転任の際も、今後とも欧州古戦史の研究を必ず続ける意気込みで赴任した。特に万難を排しナポレオンの対英戦争を書き上げる決心であった。しかし中耳炎病後の影響は相当にひどく、何をやっても疲れ勝ちで遂に初志を貫きかねた。漢口駐屯時代に徐州で木炭中毒にかかり、それ以来、脈搏に結滞を見るようになり、一時は相当に激しいこともあり、また漢口から帰国後、マラリヤにかかったなどの関係上、爾後の健康は昔日の如くでなく、且つ中年の中耳炎は根本的に健康を破壊し、殊に満州事変当時は大半、横臥して執務した有様であった。

かような関係で旅順では遂に予定の計画を果し得なかったが、しかし陸大教官二個年間の講義は未消化であり、特にデルブリュックの影響強きに失し、戦争指導の両方式即ち戦争の性質の両面を「殲滅戦略」「消耗戦略」と命名していたのは、どうも適当でないとの考えを起し、この頃から戦争の性質を「殲滅戦争」「消耗戦争」の名を用いて、戦略に於ける「殲滅戦略」「消耗戦略」との間の区別を明らかにすることにした。「殲滅戦争」「消耗戦争」の名称を「決戦戦争」「持久戦争」に改めたのは満州事変以後のことである。

昭和四年五月一日、関東軍司令部で各地の特務機関長らを集め、いわゆる情報会議が行なわれた。当時の軍司令官は村岡中将で、河本大佐はその直前転出し、板垣征四郎大佐が着任したばかりであった。奉天の秦少将、吉林の林大八大佐らがいたように覚えている。この会議はすこぶる重大意義を持つに至った。それは張作霖《ちょうさくりん》爆死以後の状況を見ると、どうも満州問題もこのままでは納まりそうもなく今後、何か一度、事が起ったなら結局、全面的軍事行動となる恐れが充分にあるから、これに対する徹底せる研究が必要だとの結論に達したのであった。その結果、昭和四年七月、板垣大佐を総裁官とし、関東軍独立守備隊、駐劄《ちゅうさつ》師団の参謀らを以て、哈爾賓、斉々哈爾《チチハル》、海拉爾《ハイラル》、満州里《マンチュウリ》方面に参謀演習旅行を行なった。

演習第一日は車中で研究を行ない長春に着いた。車中で研究のため展望車の特別室を借用することについて、満鉄嘱託将校に少なからぬ御迷惑をかけたことなど思い出される。第二日の研究は私の「戦争史大観」であり、その説明のための要旨を心覚えに書いてあったのが「戦争史大観」の第一版である。第三日は哈爾賓に移り研究を続け、夜中に便所に起きたところ北満ホテルの板垣大佐の室に電灯がともっている。入って見ると、板垣大佐は昨日の私の講演の要点の筆記を整理しているのに驚いた。板垣大佐の数字に明るいのは兵要地誌班出身のためとのみ思っていた私は、この勉強があるのに感激した次第であった。

この頃から満蒙問題はますますむずかしくなり、私も大連で二、三度、私の戦争観を講演し、「今日は必要の場合、日本が正しいと信ずる行動を断行するためには世界の圧迫も断じて恐れる必要がない」旨を強調したのであった。時勢の逼迫《ひっぱく》が私の主張に耳を藉《か》す人も生じさせていたが、事変勃発後、私の「戦争史大観」が謄写刷りにされて若干の人々の手に配られた。こんな事情で満州建国の同志には事変前から知られ、特に事変勃発後は「太平洋決戦」が逐次問題となり、事変前から唱導されていた伊東六十次郎《むそじろう》君の歴史観と一致する点があって、特に人々の興味をひき爾来、満州建国、東亜連盟運動の世界観に若干の影響を与えつつ十年の歳月を経て、遂に今日の東亜連盟協会の宣言にまで進んで来たのである。

昭和七年夏、私は満州国を去り、暮には国際連盟の総会に派遣されてジュネーブに赴いた。ジュネーブでは別にこれという仕事もなかったので、フリードリヒ大王とナポレオンに関する研究資料を集め、昭和八年の正月はベルリンに赴いて坂西武官室の一室を宿にし、石井（正美）補佐官の協力により資料の収集につとめた。帰国後も石井補佐官並びに宮本（忠孝）軍医少佐には、資料収集について非常にお世話になった。固より大したものでないが、前に述べた人々の並々ならぬ御好意に依って、フランス革命を動機とする持久・決戦両戦争の変転を研究するための、即ち稀代の名将フリードリヒ大王並びにナポレオンに関する軍事研究の資料は、日本では私の手許に最も良く集まっている結果となった。私は先輩、友人の御好意に対し必ず研究を続ける決心であったが、その後の健康の不充分と職務の関係上、遂に無為にして今日に及んでいる。資料もまた未整理のままである。今日は既に記憶力が甚だしく衰え且つドイツ語の読書力がほとんどゼロとなって、一生私の義務を果しかねると考えられ、誠に申訳のない次第である。有志の御研究を待望する。

支那事変勃発当時、作戦部長の重職にあった私は、到底その重責に堪えず十月、関東軍に転任することとなった。文官ならこのときに当然辞職するところであるが軍人にはその自由がない。昭和十三年、大同学院から国防に関する講演を依託されて「戦争史大観」をテキストとすることとなり若干の修正を加えた。

「将来戦争の予想」については、旧稿は日米戦争としてあったのを、「東亜」と西洋文明の代表たる「米国」たるべきことを明らかにしたが、「現在に於ける我が国防」は根本的に書き換えたのである。昭和四年の分は次の如くであった。

1　欧州大戦に於けるドイツの敗戦を極端ならしめたるは、ドイツ参謀本部が戦争の本質を理解せざりしこと、また有力なる一原因なり。学者中には既に大戦前これに関する意見の一端を発表せるものあり、デルブリュック氏の如きこれなり。

2　日露戦争に於ける日本の戦争計画は「モルトケ」戦略の直訳にて勝利は天運によりしもの多し。

目下われらが考えおる日本の消耗戦争は作戦地域の広大なるために来たるものにして、欧州大戦のそれとは根本を異にし、むしろナポレオンの対英戦争と相似たるもののあり。いわゆる国家総動員には重大なる誤断あり。もし百万の軍を動かさざるべからずとせば日本は破産の外なく、またもし勝利を得たりとするも戦後立つべからざる苦境に陥るべし。

3

露国の崩壊は天与の好機なり。

日本は目下の状態に於ては世界を相手とし東亜の天地に於て持久戦争を行ない、戦争を以て戦争を養う主義により、長年月の戦争により、良く工業の独立を完うし国力を充実して、次いで来たるべき殲滅戦争を迎うるを得べし。

昭和四年頃はソ連は未だ混沌たる状態であり、日本の大陸経営を妨げるものは主として米国であった。昭和六年「満蒙問題解決のための戦争計画大綱」を起案している。固より簡単至極のものであるが当時、未だ「戦争計画」という文字は使用されず、作戦計画以外の戦争に関する計画としては、いわゆる「総動員計画」なるものが企画せられつつあったが、内容は戦争計画の真の一部分に過ぎず、しかもその計画は第一次欧州大戦の経験による欧州諸国の方針の鵜呑みの傾向であったから、多少戦争の全体につき思索を続けていた私には記念すべき思い出の作品である。

昭和十三年には東亜の形勢が全く変化し、ソ連は厖大なその東亜兵備を以て北満を圧しており、米国は未だその鋒鋩《ほうぼう》を充分に現わしてはいなかったが、満州事変以来努力しつつあったその軍備は、いつ態度を強化せしむるかも計り難い。即ち日本は十年前の如く露国の崩壊に乗じ、主として米国を相手とし、戦争を以て戦争を養うような戦争を予期できない状態になっていたのである。

そこで持久戦争となるべきを予期して、米・ソを中心とする総合的圧力に対する武力と経済力の建設を国防の目標とする如く書き改めた。

「若し百万の軍を動かさざるべからずとせば日本は破産の外なく……」というような古い考えは、自由主義の清算とともに一掃されねばならないことは言うまでもない。

昭和十年八月、私は参謀本部課長を拝命した。三宅坂の勤務は私には初めてのことであり、いろいろ予想外の事に驚かされることが多かった。満州事変から僅かに四年、満州事変当初の東亜に於ける日・ソの戦争力は大体平衡がとれていたのに、昭和十一年には既に日本の在満兵力はソ連の数分の一に過ぎず、殊に空軍や戦車では比較にならないことが世界の常識となりつつあった。

日本の対ソ兵備は次の二点については何人も異存のないことである。

1　ソ連の東亜に使用し得る兵力に対応する兵備。

2　ソ連の東亜兵備と同等の兵力を大陸に位置せしめる。

私はこの簡単明瞭な見地から在満兵備の大増加を要望した。しかしそのときの考えは余りに消極的であったことが今となれば恥ずかしい極みである。小胆ものだから自然に日本の現状即ち政治的関係に左右されたわけである。しかし世間では石原はド偉い要求を出すとの評判であったらしい。

その頃ちょうど上京中であった星野直樹氏（私は未だ面識が無かった）から、大蔵省の局長連が日本財政の実情につき私に説明したい希望だと伝えられたが、私はその必要はない旨を返答したところ、重ねて日本の国防につき、できるだけのことを承りたいとのことであったので遂に承諾し、山王ホテルの星野氏の室で会見した。先方は星野氏の他に賀屋、石渡、青木の三氏がおられた。賀屋氏が、まず日本財政につき説明された。それは約束と違うと思ったが私も耐えて終るまで待っており、私の国防上の見地を軍機上許す限り私としては赤誠を以て説明した積りである。終ると先方から、「現在の日本の財政では無理である」「無い袖は振られない」というようないろいろの抗議的説明や質問があったが、私は「私ども軍人には明治天皇から『世論に惑わず政治に拘らず只一途に己が本分』を尽すべきお諭《さと》しがある。財政がどうであろうと皆様がお困りであろうと、国防上必要最小限度のことは断々固として要求する」旨お答えして辞去した。

私のこういう態度主張を、世の中には一種の駆引のように考える向きもあったらしいが、断じてそんなことはあり得ない。いやしくも軍人がお勅諭を駆引に用いることがあり得るだろうか。

世はいよいよ国防国家の必要を痛感して来た。国防国家とは軍人の見地から言えば、軍人が作戦以外のことに少しも心配しなくともよい状態であることで、軍としては最も明確に国家に対して軍事上の要求を提示しなければならない。私は世人の誤解に抗議するとともに、私のこの態度だけは、わが同僚並びに後輩の諸君に私のようにせられることを、おすすめするものである。

　私は一試案を作ってそれに要する戦費を、その道に明るい一友人に概算して貰った。友人の私に示した案は私の立案の心理状態と同一で、どうやら内輪に計算されているらしい。

　私の考えでは軍は政府に軍の要求する兵備を明示する。政府はこの兵備に要する国家の経済力を建設すべきである。しかし当時の自由主義の政府は、われらの軍費を鵜呑みにしてもこれに基づく経済力の建設は到底、企図する見込みがないところから、軍事予算は通過しても戦備はできない。考え抜いた結果、何とかして生産力拡充の一案を得て具体的に政府に迫るべきだと考え、板垣関東軍参謀長と松岡満鉄総裁の了解を得て、満州事変前から満鉄調査局勤務のため関東軍と密接な連絡があり事変後は満鉄経済調査会を設立した宮崎正義氏に、「日満経済財政研究会」を作ってもらい、まず試みに前に述べた私案に基づき日本経済建設の立案をお願いしたのである。誠に無理な要求であり、立案の基礎条件は甚だ曖昧を極めていたにかかわらず、宮崎氏の多年の経験と、そのすぐれた智能により、遂に昭和十一年夏には日満産業五個年計画の最初の案ができたのである。真に宮崎氏の超人的活動の賜物である。この案はもちろん宮崎氏の一試案に過ぎないし、その後、軍備の大拡充が行なわれた結果、日本の生産拡充計画も自然大きくなったことと信ずるが、いずれにせよ宮崎氏の努力は永く歴史に止むべきものである。宮崎氏は後に参謀本部嘱託となり幾多の有益な計画を立て、国策の方向決定に偉大な功績を樹てられたことと信ずる。

この宮崎氏の研究の要領を聴き、私も数年前自由主義時代・帝政ロシヤ崩壊時代に、「百万の軍を動かさざるべからずとせば日本は破産の外なく……」と日本の戦争力を消極的に見ていた見地を心から清算した。即ち日本は断固として統制主義的建設により、東亜防衛のため米・ソの合力に対抗し得る実力を養成することを絶対条件と信じ、国家が真に自覚すればその達成は必ず可能なるを確信するに至ったのである。

経済力が極めて貧弱で、重要産業はほとんど英米依存の現状に在った日本は、至急これを脱却して自給自足経済の基礎を確立することが第一の急務なるを痛感し、外交・内政の総てをこの目的達成に集中すべく、それが国防の根本であることを堅く信じて来たのであるが、満州国は十二年から計画経済の第一歩を踏み出したものの、日本は遂にこれに着手するに至らないで支那事変を迎えたのである。国家は戦争・建設同時強行との、えらい意気込みであったが、日本としてこの二大事業の同時遂行は残念ながら至難なことが、戦争の経験によって明らかとなった。しかし、いかなることが起るとも米・ソ両国の実力に対抗し得る力なき限り、国防の安定せざることを明らかにしたのが昭和十三年の訂正である。

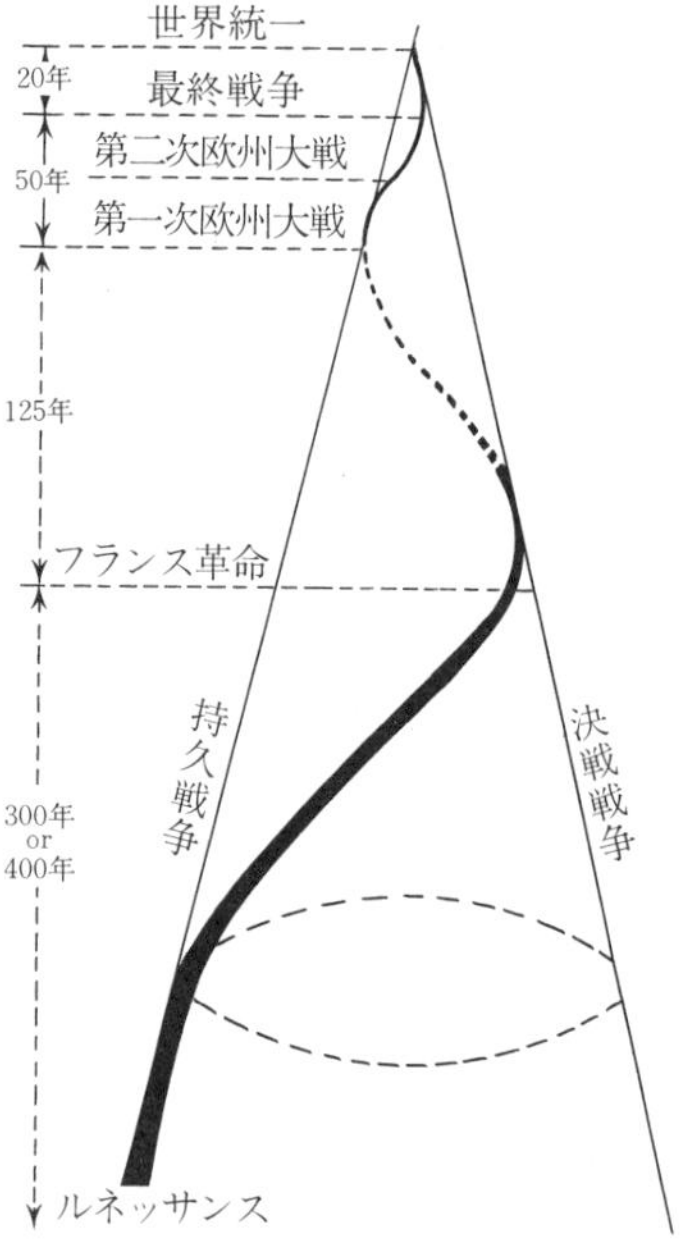

昭和十四年、留守第十六師団長中岡中将の命により、京都衛戍講話に「戦争史大観」を試みたが、その後、人々の希望により、昭和十五年一月印刷するに当り、既に第二次欧州大戦が勃発したため、若干の小修正を加えたのが現在のものである。

フランス革命から第一次欧州戦争の間が決戦戦争の時代であり、この期間は百二十五年である。その前の持久戦争時代は大体三、四百年と見ることができる。もちろんこの時代の区分や、その年数については、簡単に断定することに無理はあるが、大勢は推断することができると信ずる。第一次欧州大戦から次の大変換即ち最終戦争までの持久戦争期間は、この勢いで見れば、すこぶる短いように考えられる。同時に私の信仰から言えば、その決勝戦に信仰の統一が行なわれねばならぬ。僅か数十年の短い年月で一天四海皆帰妙法は可能であろうか。最終戦争までの年数予想は恐ろしくて発表の勇気なく、ただ案外近しとのみ称していた。

昭和十三年十二月、舞鶴要塞司令官に転任。舞鶴の冬は毎日雪か雨で晴天はほとんどない。しかし旅館清和楼の一室に久し振りに余り来訪者もなく、のどかに読書や空想に時間を過ごし得たのは誠に近頃にない幸福の日であった。

この静かな時間を利用して東洋史の大筋を一度復習して見たい気になり、中学校の教科書程度のものを読んでいる中に突如、一大電撃を食らった。私は大正八年以来、日蓮聖人の信者である。それは日蓮聖人の国体観が私を心から満足せしめた結果であるが、そのためには日蓮聖人が真に人類の思想信仰を統一すべき霊格者であることが絶対的に必要である。仏の予言の適中の妙不可思議が私の日蓮聖人信仰の根底である。難しい法門等は、とうてい私には分かりかねる。しかるに東洋史を読んで知り得たことは、日蓮聖人が末法の最初の五百年に生まれられたものとして信じられているのであるが、実は末法以前の像法に生まれられたことが今日の歴史ではどうも正確らしい。私はこれを知ったとき、真に生まれて余り経験のない大衝撃を受けた。この年代の疑問に対する他の日蓮聖人の信者の解釈を見ても、どうも腑に落ちない。そこで私は日蓮聖人を人格者・先哲として尊敬しても、霊格として信仰することは断然止むべきだと考えたのである。

このことに悩んでいる間に私は、本化《ほんげ》上行《じょうぎょう》が二度出現せらるべき中の僧としての出現が、教法上のことであり観念のことであり、賢王としての出現は現実の問題であり、仏は末法の五百年を神通力を以て二種に使い分けられたとの見解に到達した。日蓮教学の先輩の御意見はどうもこれを肯定しないらしいが、私の直感、私の信仰からは、これが仏の思し召しにかなっていると信ずるに至ったのである。そして同時に世界の統一は仏滅後二千五百年までに完成するものとの推論に達した。そうすると軍事上の判断と甚だ近い結論となるのである。

昭和十四年三月十日、病気治療のため上京していた私は、協和会東京事務所で若干の人々の集まりの席上で戦争論をやり、右の見解からする最終戦争の年代につき私の見解を述べた。この講演の要領が人々によって印刷され、誰かが「世界戦争観」と命名している。

昭和十五年五月二十九日の京都義方会に於ける講演筆記（第二次欧州大戦の急進展により同年八月印刷に付する際その部分を少し追補した）の出版されたのが、立命館版『世界最終戦論』〔『最終戦争論』は昭和十五年九月十日付けで立命館出版部から出されたが、そのときは『世界最終戦論』というタイトルだった〕である。要するにこれは私の三十年ばかりの軍人生活の中に考え続けて来たことの結論と言うべきである。空想は長かったが、前に述べた如く真に私が学問的に戦史を研究したのは、主としてフリードリヒ大王とナポレオンだけであり、しかもその期間も大正十五年夏から昭和三年二月までの約一年半に過ぎないのである。研究は大急ぎで素材を整理したくらいのところで、まだまだ消化したものではなく、殊に私の最も関心事であったナポレオンの対英戦争は、その最重要点の研究がまとまらずにいるのである。最終戦争論に論じてあるフリードリヒ大王以前のことは真に常識的なものに過ぎない。

私は常に人様の前で「軍事学については、いささか自信がある」と広言しているが、このように真相を白状すれば誠に恥ずかしい次第である。日本に於ける軍事学の研究がドイツやソ連の軍事研究に比し甚だ振わないことは、遺憾ながら認めざるを得ない。私は、戦友諸君はもちろんのこと、政治・経済等に関心を有する一般の人士も、軍事につき研究されることを切望して止まないのである。

満州問題で国際連盟の総会に出張したときに、ある日ジュネーブで伊藤述史公使が私に、「日本には日本独特の軍事学があるでしょうか」と質問されたが、私は「いや、伊藤さん、どうも遺憾ながら明治以後には、さようなものは未だできていない」と答えると伊藤氏は青くなって、「それは大変だ。一つ東京に帰ったらお互に軍事研究所を作ろうではないか」と提案された。なぜ、さようなことを伊藤氏が言ったかと聞いて見ると、伊藤氏がフランス大使館の書記生の時代に、田中義一大将がフランスに廻って来て盛んに外交官の無能を罵倒したらしい。それで伊藤氏は大いに憤慨したが、軍人はともかく政治・経済の若干を知っているのに、外交官は軍事学を知っていないことに気がつき、フランスの友人から軍事学の先生を探して貰った。それが当時陸軍大学の教官であったフォッシュ少佐で、同少佐から主としてナポレオン戦争の講義を聞いたのである。第一次欧州大戦後、フォッシュ元帥から「フランスを救ったものはフランス独特の軍事学であった。独特の軍事学なき国民は永遠の生命なし」との意見を聞き、伊藤公使の脳裡に深い印象を与えているらしい。フランスが第二次欧州大戦によってこんなふうに打ちのめされた今日、フォッシュ元帥のこの言葉は素人には恐らく大きな魅力を失ったであろうが、この中に含むある真理はわれらも充分に玩味すべきである。伊藤氏はそのときの講義録を私にくれるとてパリの御宅を再三探して下さったが遂に発見できなかった。私はあきらめかねてなおも若し見付かったらと御願いして置いたが、パリを引払われた後も何らの御通知がないから、遂に発見されなかったのであろう。

世人は、軍が軍事上のことを秘密にするから軍事の研究ができないようなことを言うが、それはとんでもないことである。もちろん前述の通り軍人間の軍事学の研究も不振であるから、日本語の軍事学の図書は残念ながら西洋列強諸国に比して余りに貧弱である。しかし公刊の戦史その他の出版物が相当にあるのだから、研究しようとするなら必ずできる。私は少なくも政治・経済の大学には軍事学の講座を設くべしと多年唱導して来た。配属将校は軍事学を講義すべきものではなく、また多くの人はそんな力は持っていない。西洋人の軍事学の常識に比し、日本知識人のそれはあまりに劣っている。ドイツの中産以上の家庭には通常、ヒンデンブルグやルーデンドルフの回想録は所有されており、広く読まれている。これらの図書は立派な戦史書である。一家の主婦すら相当に軍事的知識を持っていることは私の実見せるところである。

（昭和十五年十二月三十一日）

【解　説】

石原は師団長をしていた昭和十五年十二月三十一日、彼の思索史とも自叙伝とも言うべきものを京都の官舎で書き終った。それが本篇である。石原莞爾を知る上で最も貴重な資料であろう。月刊誌『東亜連盟』の昭和十六年六月号に「戦争史大観の序説」という題で載せたが、中央公論社版の『戦争史大観』から「戦争史大観の由来記」と改めた。

新正堂版に載せるに当って、当局の指示により一部を削除した。それは本書二一頁15行から17行までである。

これも新版に際し用語と用字を少しく改めた。

なお、本書二五頁16行の「手元に保存してある」という原稿は原書房刊『石原莞爾資料――戦争史論篇』に収めてある。

（石原六郎）

第三篇　戦争史大観の説明

第一章　緒　論

第一節　戦争の絶滅

東西古今、総ての聖賢の共同理想であり、全人類の憧憬である永久の平和は、現実問題としては夢のように考えられて来たのである。しかし時来たって必ず全人類の希望が達成せられるべきを信ずる。固より人類の闘争本能を無くすることは不可能であるから、この希望は世界の統一に依ってのみ達成せらるるであろう。最近文明の急速な進歩はその可能を信ぜしむるに至った。

世界統一の条件として考えられるものは大体次の三つである。

1　思想信仰の統一。

2　全世界を支配し得る政治力。

3　全人類を生活せしむるに足る物資の充足。
心と物は「人」に於て渾然一体である。その正しき調和を無視して一方に偏重し、いわゆる唯心とか唯物とかいう事はむずかしい理屈の分からぬ私どもにも一方的理屈である事が明らかである。しかし心と物は平等の結合ではなく、どこまでも心が主であり物が従である。思想や信仰の観念的力をもってして人類の戦争を絶滅する事が不可能である事は数千年の歴史の証明するところであるが、戦争の絶滅に思想信仰の統一が絶対に必要であり、しかもそれが最も根本的の問題である事は疑うべからざるところである。

ただしこの統一も単なる観念の論議のみでは恐らく至難で、現実の諸問題の進展と理論の進歩の間には微妙なる関連が保たるべきものと信ずる。すなわち思想の統一は自然、人格的中心を要求する。ソ連でさえマルクスだけでなくレーニン、スターリン等を神格化しているではないか。

我らの信仰に依れば、人類の思想信仰の統一は結局人類が日本国体の霊力に目醒めた時初めて達成せられる。更に端的に云えば、現人神《あらひとがみ》たる天皇の御存在が世界統一の霊力である。しかも世界人類をしてこの信仰に達せしむるには日本民族、日本国家の正しき行動なくしては空想に終る。

かつ、人類が正しきこの信仰に達するには日本民族、日本国家等の正しき思想、正しき行為だけでは不可能であり、正義を守る実力が伴わねばならぬ。結局文明の進歩により、力の発展により逐次政治的統一の範囲を拡大し、今日は四個の集団に凝結せんとする方向にある人類はやがて二つ、すなわち天皇を信奉するものとしからざるものの二集団に分かれ、真剣な戦いに依って統一の中心点が決定し、永久平和の第一歩に入り戦争の絶滅を見るに至るであろう。

人類歴史は政治的統一範囲を逐次拡大して来たのであるが、それは文明の進歩に依り主権の所有する武力が完全にその偉力を発揮し得る範囲をもって政治的統一の限度とする。すなわち将来主権者の所有する武力が必要に際し全世界到るところにある反抗を迅速に潰滅し得るに至った時、世界は初めて政治的に統一するものと信ぜられる。

そして世界が統一した後も内乱的戦争は絶滅しないだろうと考えらるるだろう。それには前に述べた信仰の統一が強い力であることが必要であるが、同時に武力が原始的で、何人も簡単にこれを所有し得た時は内乱は簡単に行なわれたのであるが、武器が高度に進歩する事が内乱を困難にして来た事も明らかに認めねばならない。刀や槍が主兵器であったならば、今日の思想信仰の状態でも世界の文明国と云われる国でさえ内乱の可能性は相当に多いのであるが、今日の武器に対しては軍隊が参加しない内乱は既に不可能である。

しかし私は信仰の統一と武力の発達のほか、一般文明の進歩に依り全人類の公正なる生活を保証すべき物資が大体充足せらるる事が必要であると考える。すなわち人類の精神的生活が向上して無益なる浪費を自然に掣肘《せいちゅう》し、かつ科学の進歩が生活物資の生産能率を高むる事が必要であって、物欲のための争いを無限に放置されていた今日までの如き状態は解消せらるべきだと信ずる。これは信仰の統一、武力の発達の間に自然に行なわるる事であろう。

第二節　戦争史の方向

戦争は人類文明の綜合的運用である。戦争の進歩が人類文明の進歩と歩調を一にしているのは余りに自然である。

武力の発達すなわち戦争術の進歩が人類政治の統一を逐次拡大して来た。世界の完全なる統一すなわち戦争の絶滅は戦争術がその窮極的発達に達した時に実現せらるるものと考えねばならぬ。この見地よりする戦争の発達史および将来への予見が本研究の眼目である。

戦闘は軍事技術の進歩を基礎として変化して来た。また国軍が逐次増加し、それに伴ってその編制も大規模化されて来た。こういうものは一定方向に対し不断の進歩をして来ているのである。

しかるにその国軍を戦場で運用する会戦（会戦とは国軍の主力をもってする戦闘を云う）はこれを運用する武将の性格や国民性に依って相当の特性を認めらるるけれども、

軍隊発達の段階に依って戦闘に持久性の大小を生じ、自然会戦指揮は或る二つの傾向の間を交互に動いて来た。また武力の戦争に作用し得る力もまた歴史の進展過程に於て消極、積極の二傾向の間を交互し、決戦戦争、持久戦争はどうも時代的傾向を帯びている。

以上の見地から戦闘法や軍の編制等が最後的発達を遂げ、会戦指揮や戦争指導が戦争本来の目的に合する武力本来価値の発揮傾向に徹底する時、人類争闘力の最大限を発揮する時であって、これが世界統一の時期となり、永久平和の第一歩となる事と信ぜられる。

第三節　西洋戦史に依る所以

この研究は主として西洋近世戦史に依る。

第二篇に於て述べたように私の軍事学の研究範囲は極めて狭く、フリードリヒ大王、ナポレオンを大観しただけと云うべく、それもやっと素材の整理をした程度である。東洋の戦史については真に一般日本人の常識程度を越えていないために、この研究は主として西洋の近世史を中心として進められたのである。誠に不完全な方法であるが、しかし戦争はどうも西洋が本場らしく、私が誠に貧弱なる西洋戦史を基礎として推論する事にも若干言い分があると信ずる。

今日文明の王座は西洋人が占めており、世界歴史はすなわち西洋史のように信ぜられている。しかしこれは余りにも一方に偏した観察である。西洋文明は物質中心の文明で、この点に於て最近数世紀の間西洋文明が世界を風靡しつつあるは現実であるが、私どもは人類の綜合的文明はこれから大成せらるべくその中心は必ずしも西洋文明でないと確信する。

東洋文明は天意を尊重し、これに恭従である事をもって根本とする。すなわち道が文明の中心である。

西洋人も勿論道を尊んでおり、道は全人類の共通のものであり、古今に通じて謬《あやま》らず、中外に施して悖《もと》らざるものである。しかも西洋文明は自然と戦いこれを克服する事に何時しか重点を置く事となり、道より力を重んずる結果となり今日の科学文明発達に大きな成功を来たしたのであって、人類より深く感謝せらるべきである。しかしこの文明の進み方は自然に力を主として道を従とし、道徳は天地の大道に従わん事よりもその社会統制の手段として考えられるようになって来たのでないであろうか。彼らの社会道徳には我らの学ぶべき事が甚だ多い。しかし結局は功利的道徳であり、真に人類文明の中心たらしむるに足るものとは考えられぬ。

東洋が王道文明を理想として来たのに自然の環境は西洋をして覇道文明を進歩せしめたのである。覇道文明すなわち力の文明は今日誠に人目を驚かすものがあるが、次に来たるべき人類文明の綜合的大成の時には断じてその中心たらしむべきものではない。

戦争についてもその最も重大なる事すなわち「戦」の人生に於ける地位に関して王道文明の示すところは、私の知っている範囲では次のようなものである。

1　三種神器に於ける剣。

国体を擁護し皇運を扶翼《ふよく》し奉る力、日本の武である。

2　「善男子正法を護持せん者は五戒を受けず威儀を修せずして刀剣弓箭鉾槊《きゅうせんぼうさく》を持すべし。」

「五戒を受持せん者あらば名づけて大乗の人となすことを得ず。五戒を受けざれども正法を護るをもって乃ち大乗と名づく。正法を護る者は正に刀剣器杖を執持すべし。」（涅槃経）

3　「兵法剣形《けんぎょう》の大事もこの妙法より出たり。」（日蓮聖人）

このような考え方は西洋にあるか無いかは知らないが、よしんばあっても今日の彼らの文明に対しては恐らく無力であろう。戦争の本義はどこまでも王道文明の指南に俟《ま》つべきである。しかし戦争の実行は主として力の問題であり、覇道文明の発達せる西洋が本場となったのは当然である。

近時の日本人は全力を傾注して西洋文明を学び取り摂取し、既にその能力を示した。しかし反面西洋覇道文明の影響甚だしく、今日の日本知識人は西洋人以上に功利主義に趨《はし》り、日本固有の道徳を放棄し、しかも西洋の社会道徳の体得すらも無く道徳的に最も危険なる状態にあるのではないか。世界各国、特に兄弟たるべき東亜の諸民族からも蛇《だ》蝎《かつ》の如く嫌われておるのは必ずしも彼らの誤解のためのみでは無い。これは日本民族の大反省を要すべき問題であり、東亜大同を目標とすべき昭和維新のためよろしくこの混乱を整理して新しき道徳の確立が最も肝要である。

しかしこれ程に西洋化した日本人も真底の本性を換える事は出来ない。外交について見れば最もよく示している。覇道文明に徹底せるソ連の外交は正確なる数学的外交である事は極めて明らかであるのに、日本人の一部は日本が南洋進出のため今日の如き対ソ国防不完全のままソ連と握手しようと主張している。誠に滑稽であるが、しかもこれは日本人の本質はお人好しである事を示しているのである。

日英同盟廃棄数年後になっても日本人は英国が日英同盟の好誼を忘れた事を批難し、つい最近まで第一次欧州大戦に於ける日本の協力を思い出させようとしているのに対し、あるドイツ人が「日本は離婚した女に未練を持っている有様だ」と冷笑した事があった。これらも日本人は根本に於ては、外交に於ても道義を守るべしとの考えが西洋人に比して遥かに強い事を示している一例とも考えられる。

日本の戦争は主として国内の戦争であり、かつまた民族性が大きな力をなして戦の内に和歌のやりとりとなったり、或いは那須与一の扇の的となったりして、戦やらスポーツやら見境いがつかなくなる事さえあった。

東亜大陸に於ても民族意識は到底西洋に於ける如く明瞭でなかった。もちろん漢民族は自ら中華をもって誇っておったものの、今日東亜の大陸に歴史上何民族か判明しない種族の多いのを見ても民族間の対立感情が到底西洋の如くでなかったことを示している。かく東洋は王道文明発育の素地が西洋に比し遥かに優れている。

これに加うるに東洋に於ては強大民族の常時的対立が無く、かつ土地広大のため戦争の深刻さを緩和する事が出来た。欧州では強大民族が常に対立して相争いかつ地域も東亜の如く広くなく、戦争術の発展が時代文明との関連を表わすに自然に良い有様であった。

覇道文明のため戦争の本場であり、かつ優れたる選手が常時相対峙しており、戦場も手頃である関係上戦争の発達は西洋に於てより系統的に現われたのである。すなわち私の研究が西洋に偏していても「戦争」の問題である限り決して不当でないと信ずる。

私の戦争史が西洋を正統的に取扱ったからとて、一般文明が西洋中心であると云うのではない。

第二章　戦争指導要領の変化

第一節　戦争の二種類

国家の対立ある間戦争は絶えない。

国家の間は相協力を図るとともに不断に相争っている。その争いに国家の有するあらゆる力を用うるは当然である。平時の争いに於ても武力は隠然たる最も有力なる力である。外交は武力を背景として行なわれる。

この国家間の争いの徹底が戦争である。戦争の特異さは武力をも直接に使用する事である。すなわち戦争を定義したならば「戦争とは武力をも直接使用する国家間の闘争」というべきである。

武力が戦争で最も重要な地位を占むる事は自然であり、武力で端的に勝敗を決するのが戦争の理想的状態である。しかし戦争となっても両国の闘争には武力以外の手段も遺憾なく使用せられる。故に戦争遂行の手段として武力および武力以外のものの二つに大別出来る。

この戦争の手段としての武力価値の大小に依り戦争の性質が二つの傾向に分かれる。

武力の価値が大でありこれが絶対的である場合は戦争は活発猛烈であり、男性的、陽性であり、通常短期戦争となる。これを決戦戦争と名づける。

武力の価値が他の手段に対し絶対的地位を失い、逐次低下するに従い戦争は活気を失い、女性的、陰性となり、通常長期戦争となる。これを持久戦争と命名する。

第二節　両戦争と政戦略の関係

戦争本来の真面目《しんめんぼく》は武力をもって敵を徹底的に圧倒してその意志を屈伏せしむる決戦戦争にある。決戦戦争にあっては武力第一で外交内政等は第二義的価値を有するにすぎないけれども、持久戦争に於ては武力の絶対的位置を低下するに従い外交、内政はその価値を高める。ナポレオンの「戦争は一に金、二にも金、三にも金」といった言葉はますますその意義を深くするのである。即ち決戦戦争では戦略は常に政略を超越するのであるが、持久戦争にあっては逐次政略の地位を高め、遂に政略が作戦を指導するまでにも至るのである。

戦争の目的は当然国策に依って決定せらるるのである。この意味に於てクラウゼウィッツのいわゆる「戦争は他の手段をもってする政治の継続に外ならぬ」、しかし戦争の目的達成のため政治、統帥の関係は一にその戦争の性質に依るものである。

政治と統帥は通常利害相反する場合が多い。その協調即ち戦争指導の適否が戦争の運命に絶大なる関係を有する。国家の主権者が将師であり政戦略を完全に一身に抱いでいるのが理想である。軍事の専門化に伴い近世はかくの如き状態が至難となり、フリードリヒ大王、ナポレオン以来はほとんどこれを見る事が出来なかった。最近に於てはケマル・パシャとか蔣介石、フランコ将軍等は大体それであり、また第二次欧州大戦に於てはヒットラーがそれであるが如くドイツ側から放送されているが、それは将来戦史的に充分検討を要する。

政戦両略を一人格に於て占めていない場合は統帥権の問題が起って来る。民主主義国家に於てはもちろん統帥は常に政治の支配下にある。決して最善の方式ではないが止むを得ない。ローマ共和国時代は、戦争の場合独裁者を臨時任命してこの不利を補わんとした事はなかなか興味ある事である。

ドイツ、ロシヤ等の君主国に於ては政府の外に統帥府を設け、いわゆる統帥権の独立となっていた時が多かった。

この二つの方式は各々利害があるが大体に於て決戦戦争に於ては統帥権の独立が有利であり、持久戦争に於てはその不利が多く現われる。これは統帥が戦争の手段の内に於て占むる地位の関係より生ずる自然の結果である。

これを第一次欧州大戦に見るに、戦争初期決戦戦争的色彩の盛んであった時期には、統帥権の独立していたドイツは連合国に比し誠に鮮やかな戦争指導が行なわれ、あのまま戦争の決が着いたならば統帥権独立は最上の方式と称せられたであろうが、持久戦争に陥った後は統帥と政治の関係常に円満を欠き（カイゼルは政治は支配していたけれども統帥は制御する事が出来なかった）。これに反し、クレマンソー、ロイド・ジョージに依り支配せられその信任の下にフォッシュが統帥を専任せしめられた大戦末期の連合国側の方式が遂に勝を得、かくて大戦後ドイツ軍事界に於ても統帥権の独立を否定する論者が次第に勢いを得たのである。

ドイツの統帥権の独立はこの事情を最もよく示している。

フリードリヒ大王以後統帥事項は当時に於ける参謀総長に当る者より直接侍従武官を経て上奏していたのであるが、軍務二途に出づる弊害を除去するため陸軍大臣が総ての軍事を統一する事となっていた。大モルトケが参謀総長就任の時はなお陸軍大臣の隷下に在って勢力極めて微々たるものであった。一八五九年の事件に依って信用を高めたのであったけれども、一八六四年デンマーク戦争には未だなかなかその意見が行なわれず、軍に対する命令は直接大臣より送付せられ、時としてモルトケは数日何らの通報を受けない事すらあったが、戦況困難となりモルトケが遂に出征軍の参謀長に栄転し、よく錯綜せる軍事、外交の問題を処理して大功を立てたのでその名望は高まった。国王の信任はますます加わり、一八六六年普墺戦争勃発するや六月二日「参謀総長は爾後諸命令を直接軍司令官に与え陸軍大臣には唯これを通報すべき」旨が国王より命令せられ、ここに参謀総長は軍令につき初めて陸軍大臣の束縛を離れたのである。しかも陸軍大臣ローン及びビスマークはこれに心よからず、普墺戦争中はもちろん一八七〇―七一年の普仏戦争中もビスマーク、モルトケ間は不和を生じ、ウィルヘルム一世の力に依り辛うじて協調を保っていたのである。

しかしモルトケ作戦の大成功と決戦戦争に依る武力価値の絶対性向上は遂に統帥権の独立を完成したのであった。それでもこれが成文化されたのは普仏戦争後十年余を経た一八八三年五月二十四日であることはこの問題のなかなか容易でなかった事を示している。

その後モルトケ元帥の大名望とドイツ参謀本部の能力が国民絶対の信頼を博した結果、統帥権の独立は確固不抜のものとなった。しかもその根底をなすものは、当時決戦戦争すなわち武力に依り最短期間に於ける戦争の決定が常識となっていたことであるのを忘れてはならぬ。第一次欧州大戦勃発当時の如きは外務省は参謀本部よりベルギーの中立侵犯を通報せらるるに止まる有様であり、また当時カイゼルは作戦計画を無視し（一九一三年まではドイツの作戦計画は東方攻勢と西方攻勢の両場合を策定してあったのであるがその年から単一化せられ西方攻勢のみが計画されたのである）、東方に攻勢を希望したが遂に遂行出来なかったのである。

持久戦争となっても統帥権独立はドイツの作戦を有利にした点は充分認めねばならぬ

が、遂に政戦略の協調を破り徹底的潰滅に導いたのである。すなわち政治関係者は無併合、無賠償の平和を欲したのであるが統帥部は領土権益の獲得を主張し、ついに両者の協調を見る事が出来なかった。

我が国に於ては「統帥権の独立」なる文字は穏当を欠く。「天子は文武の大権を掌握遊ばされておるのである。もとより憲法により政治については臣民に翼賛の道を広め給うておるのであるけれども、統帥、政治は天皇が完全に綜合掌握遊ばさるるのである。これが国体の本義である。

政府および統帥府は政戦両略につき充分連絡協調に努力すべきであり、両者はよく戦争の本質を体得し、決戦戦争に於ては特に統帥に最も大なる活動をなさしむる如くし、持久戦争に於ては武力の価値低下の状況に応じ政治の活動に多くの期待をかくる如くし、その戦争の性質に適応する政戦両略の調和に努力すべき事もちろんである。しかし如何に臣民が協調に努力するも必ず妥協の困難な場面に逢着《ほうちゃく》するものである。それにもかかわらず総て臣民の間に於て解決せんとするが如き事があったならば、これこそ天皇の天職を妨げ奉るものである。政府、統帥府の意見一致し難き時は一刻の躊躇なく聖断を仰がねばならぬ。聖断一度び下らば過去の経緯や凡俗の判断等は超越し、真に心の奥底より聖断に一如し奉るようになるのが我が国体、霊妙の力である。

他の国にてフリードリヒ大王、ナポレオン、乃至ヒットラー無くば政戦略の統一に困難を来たすのであるが、我が大日本に於ては国体の霊力に依り何時でもその完全統一を見るところに最もよく我が国体の力を知り得るのである。戦争指導のためにも我が国体は真に万邦無比の存在である。

第三節　持久戦争となる原因

持久戦争は両交戦国の戦争力ほとんど相平均しているところから生ずるものであり、その戦力甚だしく懸隔ある両国の間には勿論容易に決戦戦争となるのは当然である。今ほとんど相平均している国家間に持久戦争の行なわるる場合を考えれば次のようなものである。

1、軍隊の価値低きこと

後に詳述する事とするがルネッサンスに依り招来せられた傭兵は全く職業軍人である。生命を的とする職業は少々無理あるがために如何に精錬な軍隊であっても、徹底的にその武力の運用が出来かねた事が仏国革命まで、持久戦争となっていた根本原因である。フランス革命の軍事的意義は職業軍人から国民軍隊に帰った事である。実に近代人はその愛国の誠意のみが真に生命を犠牲に為し得るのである。

「十八世紀までの戦争は国王の戦争であり国民戦争でなかったから真面目な戦争となら

なかったが、フランス革命以後は国民戦争となった。国民戦争に於ては中途半端の勝負は不可能である」との信念の下にルーデンドルフは回想録や「戦争指導と政治」の中に「敵国側の目的はドイツの殲滅にあるからドイツは徹底的に戦わねばならぬ」との意味を強調している。すなわちドイツ参謀本部は、戦争を十八世紀前のものと以後のものとに区別したが、戦争の性質に対する徹底せる見解を欠いていた。欧州大戦は既にナポレオン、モルトケ時代の戦争と性質を異にするに至った事を認識しなかった事が、第一次欧州大戦に於けるドイツ潰滅の一因と云われねばならない。

支那に於ては唐朝の全盛時代に於て国民皆兵の制度破れ、爾来武を卑しみ漢民族国家衰微の原因となった。民国革命後も日本の明治維新の如く国民皆兵に復帰する事が出来ず、依然「好人不当兵」の思想に依る傭兵であり、十八世紀欧州の傭兵に比し遥かに低劣なものでその戦争に於ては武力よりも金力がものを言った。戦によって屈するよりも金力によって屈し得る戦に真の決戦戦争はあり得ない。かるが故に革命後の統一戦争が何時果つべしとも見えなかったのは自然である。私どもは元来民国革命に依り支那の復興を衷心より待望し、多くの日本人志士は支那志士に劣らざる熱意を以て民国革命に投じたのであった。しかるに革命後も真の革新行なわれず、軍閥闘争の絶えざるを見て「自ら真の軍隊を造り得ざる処に主権の確立は出来よう筈は無い。支那は遂に救うべからず」との結論に達したのであった。勿論あの国土厖大な支那、しかも歴史は古く、病膏肓に入った漢民族の革命がしかく短日月に行なわれないのは当然であり、私どもの判断も余りに性急であったのであるが、一面の真理はこれを認めねばならない。劣悪極まる軍隊の結果は個々の戦争を金銭の取引に依り決戦戦争以上の短日月の間に解決せらる事もあったけれども、それは戦争の絶対性を欠き、その効力は極めて薄弱にして間もなく又戦争が開始せられ、慢性的内乱となったのである。

孫文、蔣介石に依り革命軍の建設は軍隊精神に飛躍的進歩を見、国内統一に力強く進んだのは確かに壮観であり我らの見解に修正の傾向を生じつつあったのである。しかも中国の統一はむしろ日本の圧迫がその国民精神を振起せしめた点にある。支那事変に於てはかなり勇敢に戦ったのであるがこの大戦争に於てすらもなお未だ真の国民皆兵にはなり難いのである。数百年来武を卑しんだ国民性の悩みは深刻である。我らは中国がこの際唐朝以前の古《いにしえ》に復《かえ》り正しき国民軍隊を建設せん事を東亜のために念願するのである。

日本の戦国時代に於ける武士は日本国民性に基づく武士道に依って強烈な戦闘力を発揮したのであるが、それでもなお且つ買収行なわれ、当時の戦争はいわゆる謀略が中心となり、必要の前には父母兄弟妻子までも利益の犠牲としたのであった。戦国時代の日本武将の謀略は中国人も西洋人も三舎を避くるものがあったのである。日本民族はどの途にかけても相当のものである。今日謀略を振り廻しても成功せず、むしろ愚直の感あるは徳川三百年太平の結果である。

2、攻撃威力が防御線を突破し難き事

如何に軍隊が精鋭でも装備その他の関係上防禦の威力が大きく、これが突破出来なければ決局決戦戦争を不可能とする。

第一次欧州大戦当時は陣地正面の突破がほとんど不可能となり、しかも兵力の増加が迂回をも不可能にした結果持久戦争に陥ったのであった。戦国時代の築城は当時これを力攻する事困難でこれが持久戦争の重大原因となった。そこで前に述べた謀略が戦争の極めて有力な手段となったのである。

3、軍隊の運動に比し戦場の広き事

決戦戦争の名手ナポレオンもロシヤに対しては遂に決戦戦争を強いる事が出来なかった。露国が偉いのではない。国が広いためである。ナポレオンは決戦戦争の名手で数回の戦争に赫々たる戦果を挙げ全欧州大陸を風靡したが、海を隔てたしかも僅か三十里のドーバー海峡のため英国との戦争は十年余の持久戦争となったのである。但しこれはむしろ2項の原因となるべき点が多いが、その何れにしろ、日本はソ連に対しては決戦戦争の可能性が甚だ乏しい。

広大なるアジアの諸国間に欧州に於けるように決戦戦争の可能性の少なかった事はアジアの民族性にも相当の影響を与えたものと私は信ずるものである。

以上の原因の中3項は時代性と見るべきでない。ただし時代の進歩とともに決戦戦争可能の範囲が逐次拡大せらるる事は当然であり、前述の如く一根拠地の武力が全世界を制圧し得るまでに文明の進歩せる時、すなわち世界統一の可能性が生ずる時である。

1項は一般文化と密に関係があり、2項は主として武器、築城に依って制約せらるる問題であって、歴史的時代性とやはり密な関係がある。

以上綜合的に考える時は決戦戦争、持久戦争必ずしも時代性があると云えない点があり、同一時代に於てもある地方には決戦戦争が行なわれある地方には持久戦争が行なわれた事があるが、大観すれば両戦争は時代的に交互に現われて来るものと認むべきである。殊に強国相隣接し国土の広さも手頃であり、しかも覇道文明のため戦争の本場である欧州に於てはこの関係が最も良く現われている。決戦戦争では戦争目的達成まで殲滅戦略を徹底するのであるが、各種の事情で殲滅戦略の徹底をなし難く、攻勢の終末点に達する時戦争は持久戦争となる。持久戦争でも為し得る限り殲滅戦略で敵に大衝撃を与えて戦争の決を求めんと努力すべきであるが、かならずしも常に左様にばかりあり得ないで、消耗戦略に依り会戦によって敵を打撃する方法の外、或いは機動ないし小戦に依って敵の後方を撹乱し敵を後退せしめて土地を占領する方法を用いるのである。すなわ

戦争指導（戦争に於ける国力の運用）	戦略（作戦地に於ける武力の運用）	戦術（戦場に於ける兵力の運用）
決戦戦争（統帥第一主義）	殲滅戦略	殲滅戦
持久戦争（統帥、政治相対的）	殲滅戦略	殲滅戦
	消耗戦略	会戦
		機動

ち会戦を主とするか、機動を主とするかの大略二つの方向を取るのであるが、それは一に持久戦争に於ける武力の価値に依って左右せられる。すなわち持久戦争は統帥、政治の協調に微妙な関係がある如く、戦略に於ても特に会戦に重きを置き時に機動を主とする誠に変化多きものとなる。

第四節　欧州近世に於ける両戦争の消長

文明進歩し、ほとんど同一文化の支配下に入った欧州の近世に於ては両戦争の消長と時代の関係が誠に明瞭である。重複をいとわずフランス革命および欧州大戦を中心としてその関係を観察する事とする。

古代は国民皆兵であり、決戦戦争の色彩濃厚であったが、ローマの全盛頃から傭兵に堕落し遂に中世の暗黒時代となった。この時代の戦争は騎士戦であり、ギリシャ、ローマ時代の整然たる戦法影を没し一騎打ちの時代となったのであるが、ルネッサンスとともに火器の使用が騎士の没落を来たし、新しく戦術の発展を見た。しかしいにしえの国民皆兵に還らずして傭兵時代となり、戦争は大体持久戦争の傾向を取りフランス革命に及んだのである。この時代の用兵術はフリードリヒ大王に於て発達の頂点に達し、フリードリヒ大王は正しく持久戦争の名手であった。三十年戦争（一六一八—四八年）には会戦を見る事が多かったが、ルイ十四世初期のオランダ戦争（一六七二—七八年）及びファルツ戦争（一六八九—九七年）に於てはその数甚だ少なかった。スペイン王位継承戦争（一七〇一—一四年）には三回だけ大会戦があったけれども戦争の運命に作用する事軽微であった。またこの頃殲滅戦略を愛用したカール十二世は作戦的には偉功を奏しつつも、遂にピーター〔ピョートル〕大帝の消耗戦略に敗れたのである。

かくてポーランド王位継承戦争（一七三三—三八年）には全く会戦を見ず、しかもその戦争の結果政治的形勢の変化は頗る大なるものがあった。すなわちフリードリヒ大王即位（一七四〇年）当時の用兵は持久戦争中の消耗戦略中、甚だしく機動主義に傾いていたのである。

当時かくの如く持久戦争をなすの止むなき状況にあり、しかも消耗戦略の機動主義すなわち戦争の最も陰性的傾向であったのは政治的関係より生じた不健全なる軍制に在ったのであるが、今少しくこれにつき観察して見よう。

1、傭兵制度

十八世紀の戦争は結局君主が、その所有物である傭兵軍隊を使用して自己の領土権利の争奪を行なった戦争である。しかるに軍隊の建設維持には莫大な経費を要し、兵は賃金のために軍務に服しているが故に逃亡の恐れ甚だしく、しかも横隊戦術は会戦に依る損害極めて多大であった。これらの関係から君主がその高価なる軍隊を愛惜するために会戦を回避せんとするは自然である。

また兵力も小さいため、遠大なる距離への侵入作戦は至難であった。

2、横隊戦術

横隊戦術は火器の使用により発達したのであるが、依然火器の使用には大なる制限を受けるのみならず運動性を欠くことが甚だしかった。しかしながら、専制的支配を必要とする傭兵であったため、十八世紀中には遂にこの横隊戦術から蝉脱《せんだつ》する事が出来なかった。

主将は戦役（戦役とは戦争中の一時期で通常一カ年を指す）開始前又は特別な事情の生じた時、「会戦序列」を決定する。この序列は行軍、陣営、会戦等の行動一般を律するものである。会戦のためには、その序列に従い、横広（大王時代通常四列、プロイセンに於ては現に三列）に並列した歩兵大隊を通常二戦列と、両翼に騎兵を配置し、当時効力未だ充分でなかった砲兵はこれを歩兵に分属して後方に控置したのである。

盲従的規律を要する傭兵には横隊を捨て難く、しかも指揮機関の不充分はかくの如き形式的決定を必要としたのであるが、行軍よりかくの如き隊形に開進し、会戦準備を整うる事は既に容易の業でなく、またかくの如き長大なる密集隊形の行動に適する戦場は必ずしも多くなく、かつ開進後の整いたる運動は平時の演習に於てすら非常な技術を要する。敵火の下ではたちまち混乱に陥ることは明らかであり、また地形の影響を受くる事は極めて大きい。

殊に前進と射撃との関係を律する事は殆んど不可能に近い。すなわち一度停止して射撃を始める時は最早整然と発進せしむる事は云うべくして行ない難い。砲兵の威力は頼むに足らない。

以上の諸件は攻撃の威力を甚だしく小ならしむるものである。すなわち一方軍が会戦の意志なく、地形を利用して陣地を占領する時は攻撃の強行は至難であった。

又たとい敵を撃退せる場合に於ても軽挙追撃して隊伍を紊《みだ》る時は、敗者のなお所有する集結せる兵力のため反撃せらるる危険甚大で、追撃は通常行なわれず、徹底的な戦捷の効果は求め難かった。

3、倉庫給養

三十年戦争には徴発に依る事が多かったが、そのため土地を荒し、人民は逃亡したり抵抗したりするに至って作戦に甚だしい妨害をしたのである。それ以来反動として極端に住民を愛護し、馬糧以外は概して倉庫より給養する事となった。

傭兵の逃亡を防ぐためにも給養は良くしなければならないし、徴発のため兵を分散する事は危険でもあり、殊に三十年戦争頃に比し兵が増加したため、到底貧困な地方の物資のみでは給養が出来なくなった。

そこで作戦を行なう前に適当の位置に倉庫を準備し、軍隊がその倉庫を距たること三、四日行程に至る時は更に新倉庫を設備してその充実を待たねばならぬ。敵の奇襲に対し倉庫の掩護《えんご》は容易ならぬ大問題であった。

4、道路及び要塞

欧州道路の改善は十八世紀の後半期以後急速に行なわれたもので、ナポレオンは相当の良道を利用し得たけれども、フリードリヒ大王当時は幅は広いが（軍隊は広正面にて前進し得た）ほとんど構築せられない道路のみで物資の追送には殊に大なる困難を嘗《な》めた。

水路はこれがため極めて大なる価値があり要塞攻撃材料の輸送等は川に依らねばほとんど不可能に近い有様で、エルベ、オーデル両河は大王の作戦に重大関係がある。

十七世紀ボーバン等の大家が出て築城が発達し、各国が国境附近に設けた要塞は運動性に乏しかった軍の行動を掣肘する事極めて大きかった。

以上の諸事情に依って戦争に於ける武力の価値は低く、持久戦争中でも消耗戦略の機動主義に傾くは自然と云うべきである。

当時の戦争の景況を簡単に説明する事にしよう。

一国の戦争計画は先ず第一に外交に重きを置き、戦役計画の立案も政治上の顧慮を重視して作戦目標および作戦路を決定し、その作戦実施を将軍に命令する。

攻勢作戦を行なわんとせば先ず巧みに倉庫を設備する。倉庫は作戦を迅速にするためなるべく敵地に近く設くるを有利とするも、我が企図を暴露せざるためには適当に撤退せしめねばならない。

準備成り敵地に侵入した軍は敵軍と遭遇せば、特に有利な場合でなければ決戦を行なう事なく、機動に依り敵を圧迫する事に勉める。会戦を行なうためには政府の指示に依るを通例とする。

両軍相対峙するに至れば互に小部隊を支分して小戦に依り敵の背後連絡線を遮断し、また倉庫を奪い、戦わずして敵を退却せしむる事に努力する。敵の要塞に対してはその

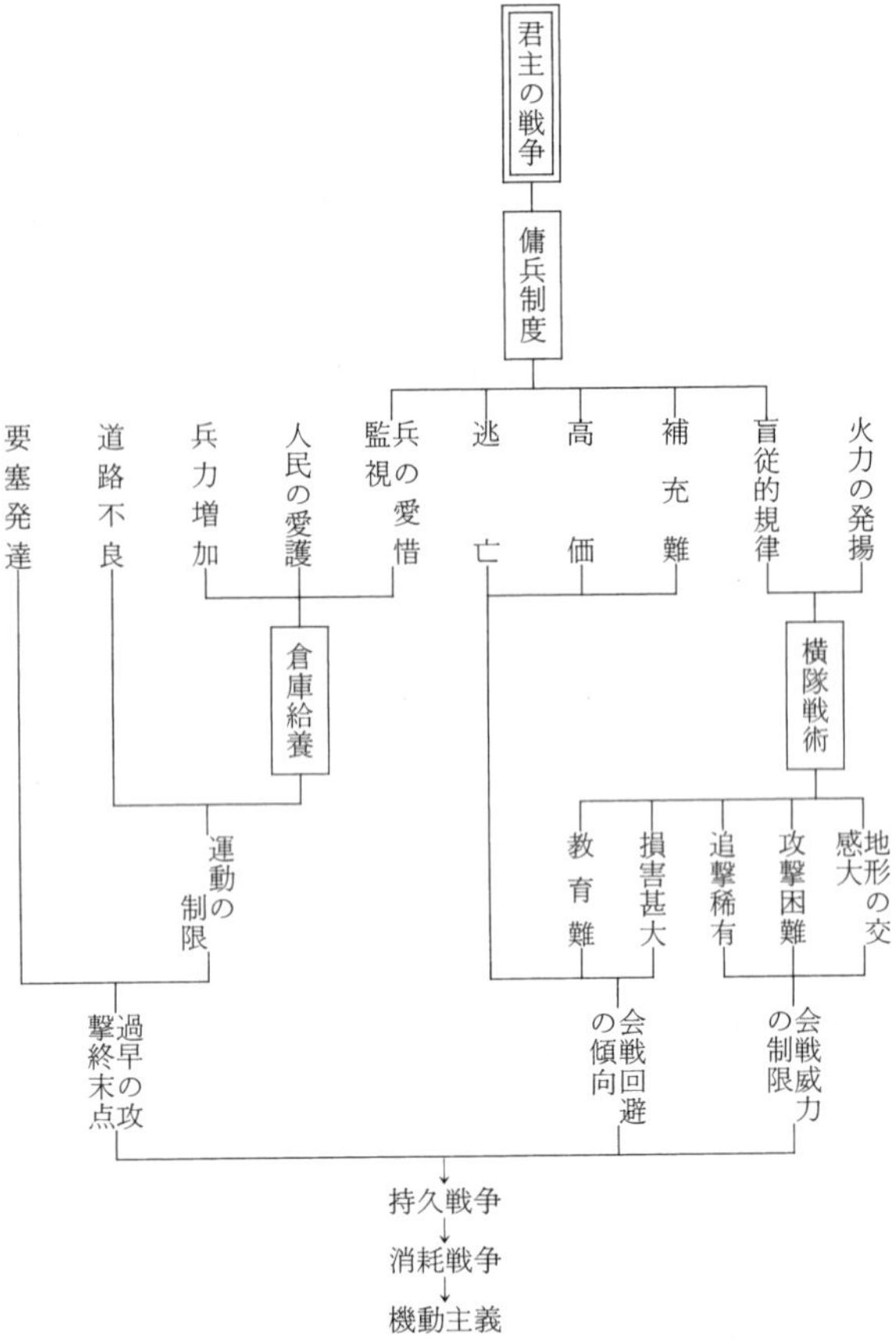
君主の戦争
傭兵制度
火力の発揚
盲従的規律
補充難
高価
逃亡
兵の愛惜
監視
人民の愛護
兵力増加
道路不良
要塞発達
横隊戦術
倉庫給養
地形の交感大
攻撃困難
追撃稀有
損害甚大
教育難
運動の制限
会戦威力の制限
会戦回避の傾向
過早の攻撃終末点
持久戦争
消耗戦争
機動主義

守備兵を他に牽制し、要すれば正攻法に依りこれを攻略する。作戦路上にある要塞を放置して遠く作戦を為す事はほとんど不可能とせられた。

かくして逐次その占領地を拡大して敵の中心に迫り、この間外交その他あらゆる手段に依り敵を屈伏して有利な講和をすることに勉める。

両軍、要地に兵力を分散しているのであるから一点に兵力を集中してそこを突破すれば良いように考えられるが、突破しても爾後の突進力を欠き、却《かえ》って背後を敵に脅かされて後退の余儀なきに至り、ややもすればその後退の際大なる危険に陥るのである。一七四四年第二シュレージエン戦争に於てベーメンに突進したフリードリヒ大王が、敵の巧妙な機動戦略のため一回の会戦をも交える事なく甚大の損害を蒙って本国に退却した如きはその最も良き　例である。（七五頁参照）

一八一二年ナポレオンのロシヤ遠征はこれと同一原理に基づく失敗であり、この種の戦争では遊撃戦（すなわち小戦）の価値が極めて大きい。

作戦は通常冬期に至れば休止し、軍隊を広地域に宿営せしめて哨兵線をもって警戒し、この期間を利用して補充、教育その他次回戦役の準備をする。時に冬期作戦を行なう事あるもそれは特殊の事情からするもので、冬期作戦に依る損害は通常甚だ大きい。故に一度敵地を占領して要塞、河川、山地等のよき掩護を欠く時は冬期その地方を撤退、安全地帯に冬営するのが通常である。

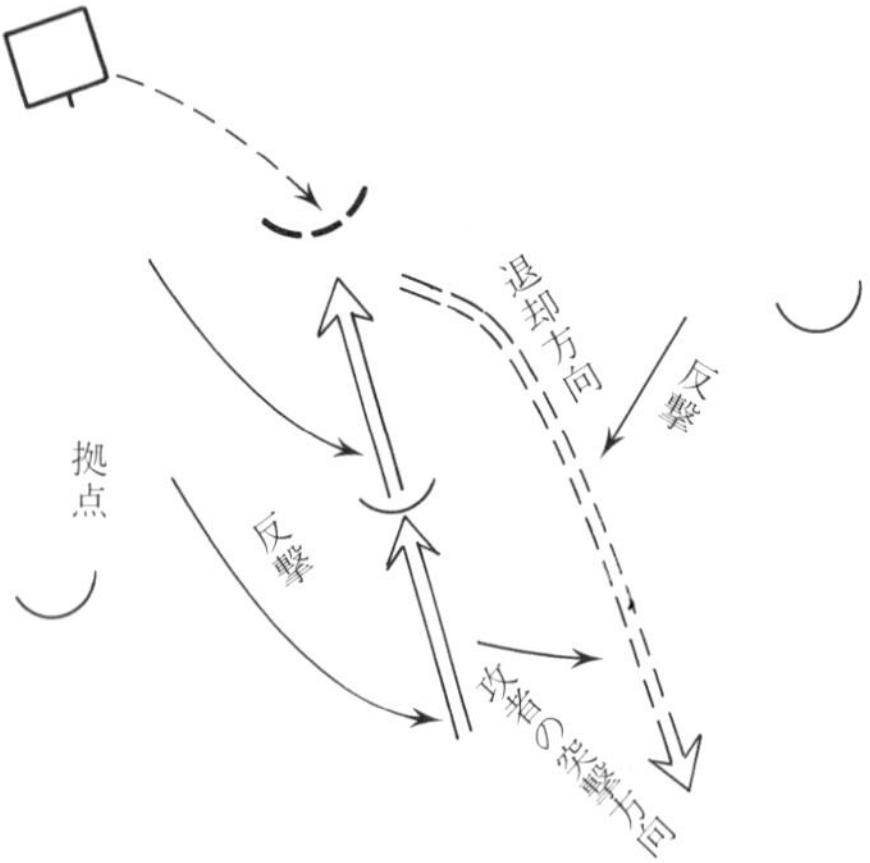

ナポレオン以後の戦争のみを研究した人にはなかなか想像もつかない点が多いのである。しかしこの事情をよく頭に入れて置かねばフランス革命の軍事的意義、ナポレオンの偉大さが判らないのである。

第五節　フリードリヒ大王の戦争

フリードリヒ大王が一七四〇年五月三十一日、父王の死に依り王位に就いた時は年二十九で、その領土は東プロイセンからライン河の間に散在し、人口二百五十万に過ぎなかった。当時墺（オーストリア）は千三百万、フランス二千万、英国は九百五十万の人口を有していたのである。

大王は祖国を欧州強国の列に入れんとする熱烈なる念願のため、軍事的政治的に最も有利なるシュレージエン（当時人口百三十万）の領有を企図したのである。シュレージエンはあたかも満州事変前の日本に対する満蒙の如きものであった。あたかも良し同年十月二十日ドイツ皇帝カール六世が死去したので、これに乗じ些細の口実を以て防備薄弱なりしシュレージエンに侵入した。弱国プロイセンに対する墺国女王マリア・テレジヤの反抗は執拗を極め、大王は前後三回の戦争に依り漸くその領有を確実ならしめたのである。大王終世の事業はシュレージエン問題の解決に在ったと見るも過言ではない。終始一貫せる彼の方針、あらゆる困難を排除して目的を確保した不撓不屈の精神、これが今日のドイツの勃興に与えた力は極めて偉大である。ほとんど全欧州を向うに廻して行なった長年月にわたる持久戦争は戦争研究者のため絶好の手本である。仕事の外見は大きくないが、大王こそ持久戦争指導の最大名手であり、七年戦争は正しく軍神の神技と云うべきである。

1、第一シュレージエン戦争（一七四〇—四二年）

大王は十二月十六日国境を越えてシュレージエンに侵入し、二、三要塞を除きたちまち全シュレージエンを占領し、一月末国境に監視兵を配置して冬営に入った。

バイエルン侯がフランスの援助に依りドイツ皇帝の帝位を争い、墺国と交戦状態に在ったため、大王は墺国は自分に対して充分なる兵力を使用することが出来ないだろうと考えていたのに、一七四一年四月初め突如墺軍が国境を越えて攻撃し来たり、大王の軍は冬営中を急襲せらるるに至った。普（プロイセン）軍は狼狽して集結を図り、四月十

コールベルク
N
ポンメルン
0
50
100km
ツォルンドルフ
ベルリン
エルベ川
ポーレン
クーネルスドルフ
オーデル川
ラウジッツ
トルゴウ
シュレージエン
ロスバハ
ザクセン
ライプチヒ
ホホキルヒ
リーグニッツ
ブレスラウ
ドレスデン
マイセン
ロイテン
ケッセルスドルフ
ホーヘンフリードベルク
モルウッツ
マキセン
ランデスフート
シュワイドニッツ
ゾール
ナイセ
ケーニヒグレッツ
プラーグ
コリン
コツウジッツ
ベーメン
オルミュッツ
メーレン

日モルウィッツ附近に於て会戦を交え普軍は辛うじて勝利を得た。墺軍はナイセ要塞に後退し、爾後両軍相対峙する事となった。

大王と墺軍の間には複雑怪奇の外交的駆引が行なわれ、墺軍は大王と妥協して十月シュレージエンを捨て巴（バイエルン）・仏軍に向ったが大王は墺軍の誠意なきを見て一部の兵を率いてメーレンに侵入し、ベーメンに進出して来た巴・仏軍と策応したのである。しかるに墺軍は逆にドナウ河に沿うてバイエルンに侵入し、ために連合軍の形勢不利となり墺軍は大王に対して有力なる部隊を差向ける事となったのである。そこで大王は一七四二年四月ベーメンに退却し、後図を策する考えであった。墺軍はこれを圧して迫り来たり、大王の戦勢頗る危険であったが、大王は五月十七日コツウジッツに於てこれを迎え撃ち、勝利を得たのである。

全般の形勢は連合側に不利であったが、英国の斡旋で大王は六月十一日墺国とブレスラウの講和を結び、シュレージエンを獲《え》た。

2、第二シュレージエン戦争（一七四四―四五年）

大王が戦後の回復に努力しつつある間、墺英両国は仏・巴軍を圧してライン河畔に進出した。大王はいたずらに待つ時は墺国より攻撃せらるるを察知し、再び仏・巴と結び一七四四年八月一部をもってシュレージエン、主力を以てザクセンよりベーメンに入り、九月十八日プラーグを攻略した。プラーグ要塞は当時ほとんど構築せられていなかったのである。大王は同地に止まって敵を待つ事が当時の用兵術としては最も穏健な策であったが（大王自身の反省）、軍事的に自信力を得た大王は更に南方に進み、墺軍の交通線を脅威して墺国を屈伏せしめんとしたが、仏軍の無為に乗じて墺将カールはライン方面より転進し来たり、ザクセン軍を合して大王に迫って来た。カールの謀将トラウンの用兵術巧妙を極め、巧みに大王の軍を抑留し、その間奇兵を以て大王の背後を脅威する。大王が会戦を求めんとせば適切なる陣地を占めてこれを回避する。大王は食糧欠乏、患者続出、寒気加わり、遂に大なる危険を冒しつつ、シュレージエンに退却の余儀なきに至った。トラウンは巧妙なる機動に依り一戦をも交えないで大王に甚大なる損害を与え、その全占領地を回復したのである。

外交状態も大王に利なく一七四四年遂に大王は戦略的守勢に立つの他なきに至った。そこで大王は兵力をシュワイドニッツ南方地区に集結、敵の山地進出に乗ずる決心をとった。敵が慎重な行動に出たならば大王の計画は容易でなかったと思われるが、大王は巧妙なる反面の策に依り敵を誘致し得て、六月四日ホーヘンフリードベルクの会戦となり大王の大勝となった。この会戦は第一、第二シュレージエン戦争中王自ら進んで企て自ら指揮したほとんど唯一の会戦であり（大王が最も困難な時会戦を求めたのである）、大王が名将たる事を証した重要なるものであるが、全戦争に対する作用はそう大した事は無く、敵はケーニヒグレッツ附近に止まり、王は徐々に追撃してその前面に進出、数カ月の対峙となった。けれども大王は兵力を分散しかつ糧秣欠乏し、遂に北方に退却の止むなきに至った。墺軍はこれに追尾し来たり、九月三十日ゾール附近に於て大王の退路近くに現出した。大王はこれを見て果敢に攻撃を行ない敵に一大打撃を与えたけれども、永くベーメンに留まる事が出来ず、十月中旬シュレージエンに退却冬営に就いた。

しかるに墺軍は一部をもってライプチヒ方向よりベルリン方向に迫り、カール親王の主力はラウジッツに進入これに策応した。そこで大王はシュレージエンの軍を進めてカールに迫ったのでカールはベーメンに後退した。大王は外交の力に依ってザクセンを屈せんとしたが目的を達し難いので、ザクセン方向に作戦していたアンハルト公を督励して、十二月十五日ザクセン軍をケッセルスドルフに攻撃せしめ遂にこれを破った。大王はこの日ドレスデン西北方二十キロのマイセンに止まり、カールはドレスデンに位置して両軍の主力は会戦に参加しなかったのである。

カールは再戦を辞せぬ決心であったが、ザクセン軍は志気阻喪して十二月二十五日遂にドレスデンの講和成立し、ブレスラウ条約を確認せしめた。

3、七年戦争（一七五六—六三年）

第二シュレージエン戦争後七年戦争までの十年間大王は国力の増進と特に前二戦争の

体験に基づき軍隊の強化訓練に全力を尽し、自ら数個の戦術書を起案した。かくて大王はその軍隊を世界最精鋭のものと確信するに至ったのである。この十カ年間の大王の努力は戦争研究者の特に注目すべきところである。

イ、一七五六年

墺国の外交は着々成功し露、スウェーデン、索（ザクセン）、巴等の諸邦をその傘下に糾合し得たるに対し、大王は英国と近接した。

また大王は墺国のシュレージエン回復計画の進みつつあるを知り、一七五六年開戦に決して八月下旬ザクセンに進入、十月中旬頃ザクセン軍主力を降服せしめ、同国の領有を確実にした。

ロ、一七五七年

敵国側の団結は予想以上に鞏固《きょうこ》で一七五七年のため約四十万の兵力を使用し得るに対し、大王はその半数をもってこれに対応することとなった。大王は熟慮の後ベーメン侵入に決し、冬営地より諸軍をプラーグ附近に向い集中前進せしめた。この前進は当時の用兵上より云えば余りに大胆なものであり種々論評せらるるところであるが、大王十年間の研究、訓練に基づく自信力の結果でよく敵の不意に乗じ得たのである。

五月六日プラーグ東方地区で墺軍を破り、これをプラーグ城内に圧迫した。プラーグは当時既に相当の要塞になっていたので簡単に攻略する事が出来ず、五月二十九日より始めた砲撃も弾薬不充分で目的を達しかねた。ところが墺将ダウンが近接し来たり、巧みに大王の攻撃を妨げるので大王は止むなく手兵を率いてこれに迫り、六月十八日コリン附近でダウンの陣地を攻撃した。しかしながら大王軍は遂に大敗し、止むなくプラーグの攻囲を解き、一部をもってシュレージエン方向に主力はザクセンに退却した。

大王のコリンの失敗はほとんど致命的と云うべき結果であったのに、更に仏・巴軍が西方および西南方より迫り来たったので形勢愈々急である。幸い墺軍の行動活発ならざるに乗じ大王は西方より迫り来たる敵に一撃を与えんとした。敵は巧みにこれを避け大王をして奔命に疲れしむるとともに墺軍主力はシュレージエンの占領を企図したので、大王も弱り抜いて十月下旬遂にシュレージエンに転進するに決した。その時西方の敵再び前進し来たるの報告に接しただちにこれに向い、十一月五日二万二千の兵力をもって六万の敵をロスバハに迎撃、これに甚大の損害を与えた。

この一戦はほとんど絶望の涯てに在った普国を再生の思いあらしめた。しかしシュレージエン方面の状況が甚だ切迫して来たのでただちにこれに転進、途中ブレスラウの陥落を耳にしつつ前進、十二月五日有名なロイテンの会戦となった。

この会戦は三万五千をもって墺軍の六万五千に徹底的打撃を与えた、大王の会戦中の最高作品であり、大王のほとんど全会戦を批難したナポレオンさえ百世の模範なりとして極力賞讃したのである。墺軍はシュレージエンに進入した九万中僅かにその四分の一を掌握し得、大王は約四方の捕虜を得てシュワイドニッツ要塞以外の全シュレージエンを回復、平和への希望を得て冬営についた。

ハ、一七五八年

マリア・テレジヤの戦意旺盛にして平和の望みは絶え、露軍は昨年東普に侵入退却したが、この年一月二十二日遂にケーニヒグレッツを占領し、夏にはオーデル河畔に進出を予期せねばならぬ。幸いロスバハ、ロイテンの戦果に依り英の態度積極的となり、仏に対する顧慮は甚だしく減少した。

しかし大王の戦力も大いに消耗、もはや大規模な攻勢作戦を許さない。またいたずらに守勢に立つは大王の性格これを許さぬ。ここに於て大王はなるべく遠く墺軍を支え、為し得ればこれに一撃を与え、露軍の近迫に際し動作の余地を有するを目的とし、四月中旬シュワイドニッツ攻略後主力をもってメーレンに侵入、オルミュッツ要塞を攻略するに決心した。あたかも一九一六年ファルケンハインのいわゆる「制限目的をもってする攻勢」であるベルダン攻撃に似ている。

五月二十二日から攻囲を開始したが、敵将ダウンの消耗戦略巧妙を極めて大王を苦しめ、六月三十日四千輌よりなる大王の大縦列を襲撃潰滅せしめた。大王は躊躇する事なく攻城を解き、八月初め主力をもってランデスフートに退却した。

露軍は八月中旬オーデル河畔に現われスウェーデン軍また南下し来たったので、大王は主力をもって墺軍に対せしめ、自ら一部をもって露軍に向い、八月二十五日ヅォルンドルフ附近に於て露軍と変化多き激戦を交え、辛うじてこれを撃退した。大王の損害も大きかったが露軍は墺軍の無為を怒り、遠く退却して大王の負担を減じた。

墺軍主力はラウジッツ方面よりザクセンに作戦し、西南方より前進して来た帝国軍（神聖ローマ帝国に属する南ドイツ諸小邦の軍隊）と協力してザクセンを狙い、虚に乗じて一部はシュレージエンを攪乱した。大王は寡兵をもって常に積極的にこれに当ったが、ダウンの作戦また頗る巧妙で虚々実々いわゆる機動作戦の妙を発揮した。十月十四日大王はホホキルヒで敵に撃破せられたけれども大体に於て能《よ》く敵を圧し、遂にはとんど完全に敵を我が占領地区より駆逐して冬営に移る事が出来た。この戦は両将の作戦巧妙を極めたが、結局会戦に自信のある大王がよく寡兵をもって大勢を制し得たのである。

ニ、一七五九年

辛うじてその占領地を保持し得た大王も、昨年暮以来墺軍の防禦法は大いに進歩し、特に有利なる場合のほか攻撃至難となった旨を述べている。大王の戦力は更に低下して最早攻勢作戦の力無く、止むなく兵力を下シュレージエンに集結、敵の進出を待つ事となった。

六月末露軍がオーデル河畔に出て来るとダウンは初めて行動を起し、ラウジッツに出て来たが、行動例に依って巧妙で大王に攻撃の機会を与えない。大王は止むなく墺軍を放置して露軍に向い、八月十二日クーネルスドルフの堅固なる陣地を攻撃、一角を奪取したけれども遂に大敗し、さすがの大王もこの夜は万事終れりとし自殺を決心したが、露軍の損害また大きく、殊に墺軍との感情不良で共同動作適切を欠き、大王に英気を回復せしめた。

九月四日ドレスデンは陥落した。露軍はシュレージエンに冬営せんとしたが大王の巧妙なる作戦に依り遂に十月下旬遠く東方に退却した。大王はこの頃激烈なるリウマチスに冒されブレスラウに病臥中、カール十二世伝を書いて彼の軽挙暴進の作戦を戒め、会戦は敵の不意に乗じ得るかまたは決戦に依り、敵に平和を強制し得る時に限らざるべからずと述べている。

病気回復後、大王はザクセンを回復せんと努力したが、十一月二十一日その部将フンクがマキセン附近でダウンに包囲せられて降伏し、墺軍はドレスデンを固守し両軍近く相対して冬営する事となった。

ホ、一七六〇年

大王の形勢ますます不良、クラウゼウィッツの言う如く敵の過失を発見してこれに乗ずる以外また策の施すべき術もない有様となった。

ダウンは自ら大王をザクセンに抑留し、驍将ラウドンをしてシュレージエンに作戦せしめた。大王は再三シュレージエンの危急を救わんとしたが、ダウンは毎度巧みに大王の行動を妨げてこれをザクセンに抑留した。しかしシュレージエンの形勢ますます悪化するので大王は八月初め断固東進、八月十日リーグニッツ西南方地区に陣地を占めた。ダウンは大王と前後して東進、ラウドンを合して十万となり、三万の大王を攻撃する決心を取って更に露軍をオーデル左岸に誘致するに勉めた。大王は苦境を脱するため種々苦心し色々の機動を試みたが、十四日払暁突如ラウドンと衝突、適切機敏なる指揮に依りこれを撃破した。

リーグニッツの不期戦は風前の灯火の感あった大王を救った。大王は一部をもって露軍を監視、主力をもってダウンをベーメンに圧迫せんとしたが、露軍と墺軍の一部は十月四日ベルリンを占領したので急遽これが救出に赴いた。

露軍の危険は去ったので是非ザクセンを回復せんとして南下したが、ダウンはトルゴウに陣地を占めたので大王は遂に決心してこれを力攻した。大損害を受け辛うじて敵を撃退し得たがダウンは依然ドレスデンを固守して冬営に移った。

トルゴウの会戦は一九一八年のドイツ軍攻勢にも比すべきものである。ともに困難の極に達したドイツ軍が運命打開のため試みた最後的努力である。ただし大王は一九一八年と異なりなお存在を持続し得たのである。

へ、一七六一年

同盟軍はダウンをして大王の軍をザクセンに抑留し、ラウドンおよび露軍をもってシュレージエンおよびポンメルンに侵入せんと企てた。

大王は一部をザクセンに止めて自らシュレージエンに赴き、ラウドンと露軍の合一を妨げ、機会あらば一撃を加えんとしたが敵の行動また巧妙で、遂に八月中旬五万五千の兵をもって十五万の敵に対し、シュワイドニッツ附近のブンツェルウッツに陣地を占め、全く戦術的守勢となった。

露軍はその後退却したがラウドンは大王の隙に乗じてシュワイドニッツを奪取、墺軍は初めてシュレージエンに冬営する事となり、北方の露軍また遂にコールベルクを陥してポンメルンに冬営するに至った。

ト、一七六二年

ナポレオン曰く「大王の形勢今や極度に不利なり」と。

しかし天はこの稀代の英傑を棄てなかった。一七六二年一月十九日すなわち大王悲境のドン底に於て露女王の死を報じて来た。後嗣ピーター〔ピョートル〕三世は大の大王崇拝者で五月五日平和は成り、二万の援兵まで約束したのである。スウェーデンとの平和も次いで成立した。

大王はこの有利なる形勢の急転後、熟慮を重ねてその作戦目標をシュレージエンおよびザクセンに限定した。しかも極力会戦を避け、必要以上にマリア女王の敵愾心の刺戟を避けその屈服を企図したのである。

露援軍の来着を待って七月行動を起し、シュワイドニッツ南方にあった墺軍陣地に迫り、これを力攻する事なく、一部をもって敵の側背を攻撃せしめて山中に圧迫、更に十月九日シュワイドニッツを攻略、ザクセンに向い、ドレスデンは依然敵手にあったが他の全ザクセンを回復し、一部の兵を進めて南ドイツの諸小邦を屈服せしめた。

英仏間には十一月三日仮平和条約なり、さすがのマリア・テレジヤも遂に屈服、一七六三年二月十五日フーベルスブルグの講和成立、大王は初めてシュレージエンの領有を確実にしたのである。

クラウゼウィッツは大王の戦争を、

一七五七年を会戦の戦役、

一七五八年を攻囲の戦役、

一七五九―六〇年を行軍および機動の戦役、

一七六一年を構築陣地の戦役、

一七六二年を威嚇の戦役、

と称しているが、戦争力の低下に従って止むなく逐次戦略を変換して来た。そして状況に応ずる如くその戦略を運用し、最悪の場合にも毅然として天才を発揮し、全欧州を敵としてよく七年の持久戦争に堪えその戦争目的を達成した。それには大王の優れたる軍事的能力が最も大なる作用を為しているが、しかしよく戦争目的を確保し、有利の場合も悲境の場合も毫も動揺しなかった事が一大原因である事を忘れてはならぬ。持久戦争に於ては特に目前の戦況に眩惑し、縁日商人の如く戦争目的即ち講和条件を変更する事は厳に慎まねばならぬ。第一次欧州大戦ではドイツは遂に定まった戦争目的なく（決戦戦争より戦争に入ったため無理からぬ点が多い）、戦争後になって、戦争目的が論じられている有様であった。そしてこれが政戦略の常に不一致であった根本原因をなしている。

第六節　ナポレオンの戦争

フリードリヒ大王の時代よりナポレオンの時代へ

1、持久戦争より決戦戦争へ

十八世紀末軍事界の趨勢。

七年戦争後のフリードリヒ大王の軍事思想はますます機動主義に傾いて来た。一般軍事界はもちろんである。

一七七一年出版せられたフェッシュの『用兵術の原則および原理』には「将官たる者は決して強制せられて会戦を行なうようなことがあってはならぬ。自ら会戦を行なう決心をした場合はなるべく人命を損せざる事に注意すべし」とあり、一七七六年のチールケ大尉の著書には「学問に依りて道徳が向上せらるる如くまた学問に依り戦術は発達を遂げ、将軍はその識見と確信を増大して会戦はますますその数を減じ、結局戦争が稀となるであろう」と論じている。

仏国の有名な軍事著述家でフリードリヒ大王の殊遇を受け、一七七三年には機動演習の陪観をも許されたGuibertは一七八九年の著述に「大戦争は今後起らぬであろう。もはや会戦を見ることはないであろう」と記している。七年戦争につき有名な著述をした英人ロイドは一七八〇年「賢明なる将軍は不確実なる会戦を試みる前に常に地形、陣地、陣営および行軍に関する軍事学をもって自己の処置の基礎とする。この理を解するものは軍事上の企図を幾何学的の厳密をもって着手し、かつ敵を撃破する必要に迫らるる事無く戦争を実行し得るのである」と論じている。

機動主義の法則を発見するを目的として地理学研究盛んとなり鎖鑰《さやく》、基線、作戦線等はこの頃に生れた名称であり、軍事学の書籍がある叢書の中の数学の部門に収めらるるに至った。

ハインリヒ・フォン・ビューローは「作戦の目的は敵軍に在らずしてその倉庫である。何となれば倉庫は心臓で、これを破れば多数人の集合体である軍隊の破滅を来たすからである」と断定し、戦闘についても歩兵は唯射撃するのみ、射撃が万事を決する、精神上の事は最早大問題でないと称し、「現に子供がよく巨人を射殺することが出来る」と述べている。

かくて軍事界は全く形式化し、ある軍事学者は歩兵の歩度を一分間に七十五歩とすべきや七十六歩とすべきやを一大事として研究し「高地が大隊を防御するや。大隊が高地を防御するや」は当時重大なる戦術問題として議論せられたのである。

2、フランス革命に依る軍事上の変化

「最も暗き時は最も暁《あかつき》に近き時なり」と言ったフリードリヒ大王は一七八六年この世を去り、後三年一七八九年フランス革命が勃発したのである。

革命は先ず軍隊の性質を変ぜしめ、これに依って戦術の大変化を来たし遂に戦略の革命となって新しき戦争の時代となった。

3、新軍の建設

革命後間もなく徴兵の意見が出たが専制的であるとて排斥せられた。しかし列強の攻撃を受け戦況不利になったフランスは一七九三年徴兵制度を採用する事となった。しかもこれがためには一度は八十三州中六十余州の反抗を受けたのであった。

徴兵制度に依って多数の兵員を得たのみでなく、自由平等の理想と愛国の血に燃えた青年に依って質に於ても全く旧国家の思い及ばざる軍隊を編制する事が出来た。

新戦術

革命軍隊も最初はもちろん従来の隊形を以て行動しようとしたのであるが、横隊の運動や一斉射撃のため調練不充分で自然に止むなく縦隊となり、これに射撃力を与えるため選抜兵の一部を散兵として前および側方を前進せしむる事とした。即ち散兵と縦隊の併用である。

散兵や縦隊は決して新しいものではない。墺国の軽歩兵（忠誠の念篤いウンガルン〔ハンガリー〕兵等である）はフリードリヒ大王を非常に苦しめたのであり、また米国独立戦争には独立自由の精神で奮起した米人が巧みにこれを利用した。

しかし軍事界は戦闘に於ける精神的躱避《たひ》が大きいため単独射撃は一斉射撃に及ばぬものとしていた。

縦隊は運動性に富みかつ衝突力が大きいためこれを利用しようとの考えあり、現に七年戦争でも使用せられた事があり、その後革命まで横隊、縦隊の利害は戦術上の重大問題として盛んに論争せられたが、大体に於て横隊説が優勢であった。一七九一年仏国の操典（一八三一年まで改正せられなかった）は依然横隊戦術の精神が在ったが、縦隊も認めらるる事となった。

要するに散兵戦術は当時の仏国民を代表する革命軍隊に適するのみならず、運動性に富み地形の交感を受くる事少なくかつ兵力を要点に集結使用するに便利で、殲滅戦略に入るため重要な要素をなしたのである。しかし世人が往々誤解するように横隊戦術に比し戦場に於て必ずしも徹底的に優越なものでなかったし（一八一五年ワーテルローでナポレオンはウエリントンの横隊戦術に敗れた）、決して仏国が好んで採用したものでもない。自然の要求が不知不識《しらずしらず》の間にここに至らしめたのである。「散兵は単なる応急策に過ぎなかった。余りに広く散開しかつ衝突を行なう際に指揮官の手許に充分の兵力が無くなる危険があったから、秩序が回復するに従い散兵を制限する事を試み、散兵、横隊、縦隊の三者を必要に応じて或いは同時に、或いは交互に使用した。故に新旧戦術の根本的差異は人の想像するようには甚だしく目立たず、その時代の人、なかんずく仏人は自己が親しく目撃する変化をほとんど意識せず、また諸種の例証に徴して新形式を組織的に完成する事にあまり意を用いざりし事実を窺い得る」とデルブリュック教授は論じている。

革命、革新の実体は多くかくの如きものであろう。具体案の持ち合わせもないくせに「革新」「革新」と観念的論議のみを事とする日本の革新論者は冷静にかかる事を考うべきであろう。

4、給養法の変化

国民軍隊となったことは、地方物資利用に依り給養を簡単ならしむる事になり、軍の行動に非常な自由を得たのである。殊に将校の平民化が将校行李の数を減じ、兵のためにも天幕の携行を廃したので一八〇六年戦争に於て仏・普両軍歩兵行李の比は一対八乃至一対十であった。

5、戦略の大変化

仏国革命に依って生まれた国民的軍隊、縦隊戦術、徴発給養の三素材より、新しき戦略を創造するためには大天才の頭脳が必要であった。これに選ばれたのがナポレオンである。

国民軍隊となった一七九四年以後も消耗戦略の旧態は改める事がなかった。一七九四年仏軍は敵をライン河に圧して両軍ライン河畔で相対峙し、僅か二、三十万の軍がアルザスから北海に至る全地域に分散して土地の領有を争うたのであった。

ナポレオンはその天才的直観力に依って事物の真相を洞見し、革命に依って生じた軍事上の三要素を綜合してこれを戦略に活用した。兵力を迅速に決勝点に集結して敵の主力に対し一挙に決戦を強い、のち猛烈果敢にその勝利を追求してたちまち敵を屈服せしむる殲滅戦略により、革新的大成功を収め、全欧州を震駭せしめた。かくして決戦戦争の時代が展開された。

この殲滅戦略は今日の人々には全く当然の事でなんら異とするに足らないのであるが、

前述したフリードリヒ大王の戦争の見地からすれば、真に驚嘆すべき革新である事が明らかとなるであろう。ナポレオン当時の人々は中々この真相を衝き難く、ナポレオンを軍神視する事となり、彼が白馬に乗って戦場に現われると敵味方不思議の力に打たれたのである。

ナポレオンの神秘を最初に発見したのは科学的な普国であった。一八〇六年の惨敗によりフリードリヒ大王の直伝たる夢より醒めた普国は、シャルンホルスト、グナイゼナウの力に依り新軍を送り、新戦略を体得し、ナポレオンのロシヤ遠征失敗後はしかるべき強敵となって遂にナポレオンを倒したのである。

フリードリヒ大王時代の軍事的教育を受け、ナポレオン戦争に参加したクラウゼウィッツはナポレオンの用兵術を組織化し、一八三二年彼の名著『戦争論』が出版せられた。

6、一七九六―九七年のイタリア作戦

一八〇五年をもって近世用兵術の発起点とする人が多い。二十万の大軍が広大なる正面をもって千キロ近き長距離を迅速に前進し、一挙に敵主力を捕捉殲滅したウルム作戦の壮観は、十八世紀の用兵術に対し最も明瞭に殲滅戦略の特徴を発揮したものである。しかしこれは外形上の問題で、新用兵術は既にナポレオン初期の戦争に明瞭に現われている。その意味で一七九六年のイタリア作戦、特にその初期作戦は最も興味深いもので

ある。

クラウゼウィッツが「ボナパルトはアペニエンの地理はあたかも自分の衣嚢のように熟知していた」と云っているが如く、ナポレオンはイタリア軍に属して作戦に従事したこともあり、イタリア軍司令官に任ぜらるる前は公安委員会作戦部に服務してイタリアに於ける作戦計画を立案した事がある。

ナポレオンの立案せる計画は、当事者から即ち旧式用兵術の人々からは狂気者の計画と称して実行不可能のものと見られたのである。ナポレオンは一七九六年三月二日弱冠二十六歳にしてイタリア軍司令官に任ぜられ、同二十六日ニースに着任、いよいよ多年の考案に依る作戦を実行することとなった。

イタリア軍の野戦に使用し得る兵力は歩兵四師団、騎兵二師団で兵力約四万、主力はサボナからアルベンガ附近、その一師団は西方山地内に在った。縦深約八十キロである。

軍前面の敵はサルジニアのコッリーが約一万をもってケバ要塞からモントヴィの間に位置し墺軍の主力はなおポー川左岸に冬営中であった。

ナポレオンはかねての計画に基づき、両軍の分離に乗じ速やかに主力をもってサボナからケバ方向に前進し、サルジニア軍の左側を攻撃、これを撃破する決心であった。当時海岸線は車も通れず、騎兵は下馬を要する処もあった。海岸からサルジニアに進入するためにはサボナから西北方アルタールを越える道路（峠の標高約五百メートル）が最

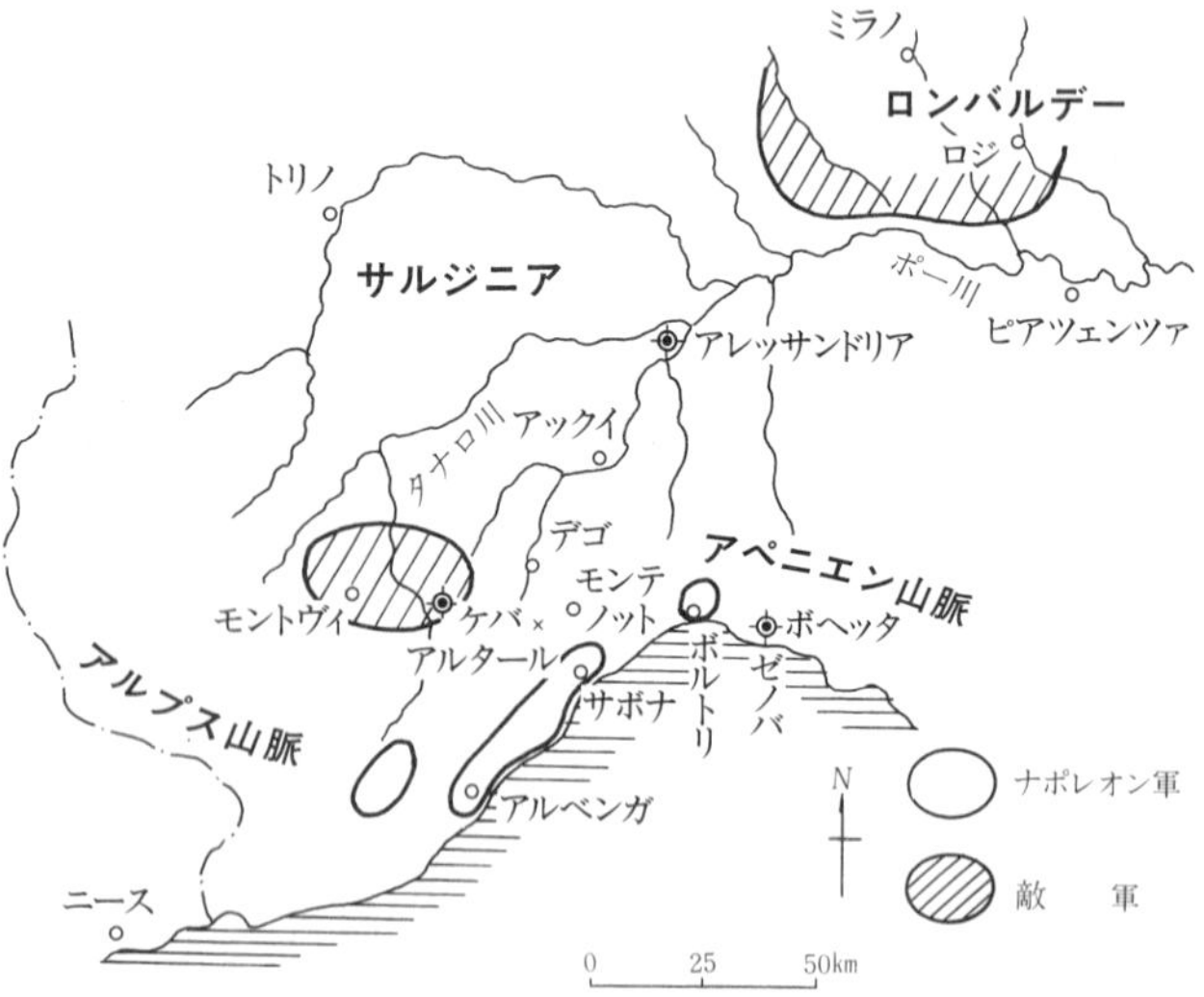

良で、少し修理すれば車を通し得る状態であった。ところがナポレオン着任当時のイタリア軍の状態は甚だ不良で、ナポレオンがその天性を発揮して大活躍をしても整理は容易な事でなかった。

ナポレオン着任当時、マッセナはゼノバに於ける（ゼノバは当時中立で海岸道不良のため同地は仏軍の補給に重要な位置を占めていた）外交を後援するため、一部をボルトリに出していたのである。ナポレオンは墺軍を刺戟する事を避くるため同地の兵力撤退を命令したが、前任司令官の後任をもって自任していたマッセナは後輩の黄口児、しかも師団長の経験すら無いナポレオンの来任心よからず、命令を実行せず、かえってボルトリの兵力を増加し、表面には調子の良い報告を出していた。しかるに四月に入って墺軍前進の報を耳にしたナポレオンの決心は変化を来たし、四月二日ニースを発してアルベンガに達し、マッセナに命令するにボルトリを軽々に撤退する事無く、かえって兵力増加を粧うべき事を命令した。蓋《けだ》しナポレオンは墺軍の前進を知り、なるべくこれを東方に牽制してサルジニア軍との中央に突進し、各個撃破を決心したのである。マッセナは敵兵増加の徴《しるし》に不安を抱き、同日は狼狽してこのまま止まるは危険な旨を具申している。

主力をポー川左岸に冬営していた墺軍の新司令官老将ボーリューはゼノバ方面に対する仏軍活動開始せらるるを知り南進を起し、三月三十日にはゼノバ北方の要点ボハッタ峠を占領して仏国の突進を防止する決心をとったが、その後仏軍の行動の活発でないのに乗じ、更に四月八口にはボルトリを占領して敵とゼノバの連絡を絶ち、かつボルトリにあった製粉所を奪取する事に決心した。同時に右翼の部隊をもってサボナ北方のモンテノット附近を占領せしめ、サルジニア軍と連絡して要線の占領を確実ならしむる事とした。

行動開始前の四月九日に於けるポー川以南にある部隊の位置、次図の如し。

即ち約三万の兵力が攻撃前進を前にして縦深六十キロ、正面約八十キロに分散しており、しかも東西の交通は極めて不便でボルトリから右翼の方面に兵力を転用するために

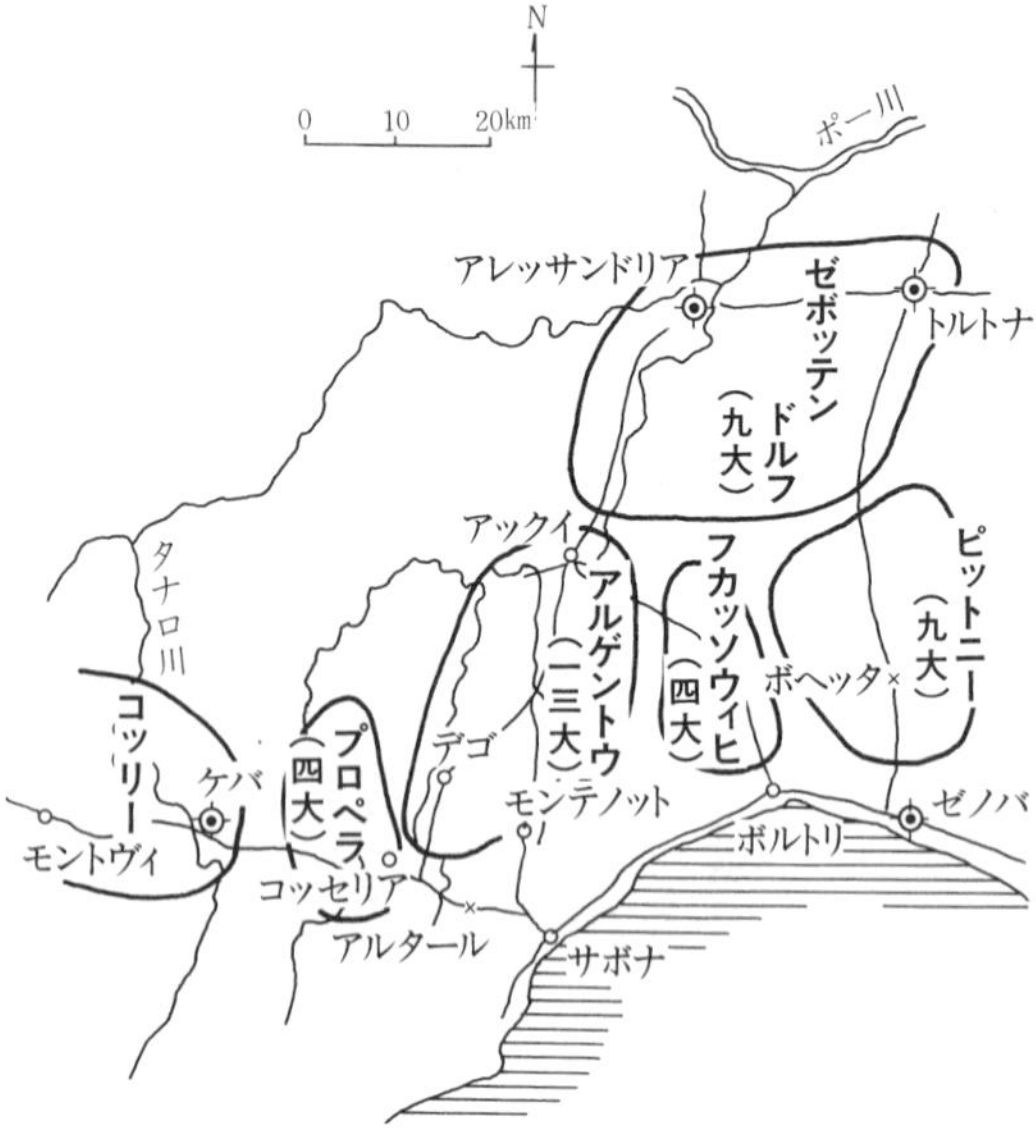

はアックイを迂回するを要する。

ボルトリの攻撃にはピットニー、フカッソウィヒ両部隊のうち、九大隊を使用してボーリュー自らこれに臨み、モンテノットの攻撃はアルゲントウ部隊に命令した。アルゲントウは後方に主力を止め、攻撃に使用した兵力は五大隊半に過ぎなかった。これが当時の用兵術である。

ナポレオンは十日サボナに到着、この日ボルトリは墺軍の攻撃を受け同地の守兵は夜サボナに退却す。ナポレオンは十一日更に東方に前進して情況を視察したが、ボルトリを占領した敵は相当の兵力であるが追撃の模様がない。然るにこの日モンテノットも敵の攻撃を受けて占領せられたが、ランポン大佐はモンテノット南方の高地を守備してよく敵を支えている事を知った。

ナポレオンはこの形勢に於て先ずモンテノット方面の敵を撃滅するに決心し、僅少なる部隊をサボナに止めてボルトリの敵に対せしめ、主力は夜間ただちに行動を起して敵の側背に迫る如き部署をした。この決心処置は迅速果敢しかも適切敏捷に行なわれナポレオンを嫉視ないし軽視していた諸将を心より敬服せしめるに至った。ある人は「ナポレオンはこの命令で単に墺軍に対してのみでなく、部下諸将軍連に対しても勝利を得た」と言っている。

かくて十二日、ナポレオンは約一万人を戦場に集め得て、三、四千の敵を急襲して徹底的打撃を与えた。ナポレオンはこの戦闘の成果を過信して墺軍の主力を撃破したものと考え、予定に基づき主力をもってサルジニア軍に向い前進するに決し、その部署をした。前衛たる部隊は十三日コッセリア古城を守備していた墺軍を攻撃、十四日辛うじてこれを降伏せしめたが、ナポレオンはこの間敵の部隊北方デゴ附近に在るを知って該方面に前進、十四日敵を攻撃してこれを撃破し、再び西方に向う前進を部署した。

しかるにデゴ戦闘後に狂喜した仏兵は、数日の間甚だ不充分なる給養であったため掠奪を始め、全く警戒を怠っていた所を、十五日ボルトリ方面より転進して来た墺軍の急襲を受け危険に陥ったが、ナポレオンは迅速に兵力を該方面に転進し遂にこれを撃破した。しかも軍隊は再び掠奪を始め、デゴの寺院すらその禍を蒙る有様であった。

ボーリューは十二日の敗報を受けてもこれは戦場の一波瀾ぐらいに考え、その後逐次敗報を得るも一拠点を失ったに過ぎないとし、側方より敵の後方に兵を進めてこれを退却せしむる当時の戦術を振りまわして泰然としていたが、十六日に至って初めて事の重大さに気付き、心を奪われてアレッサンドリア方面に兵力を集中せんと決心したが、諸隊の混乱甚だしく、精神的打撃甚大で全く積極的行動に出づる気力を失った。

ナポレオンは十七日主力をもって西進を開始したが、コッリーは退却してタナロ川左岸に陣地を占めた。仏軍はケバ要塞を単にこれを監視するに止めて前進、十九日敵陣地を攻撃したが増水のため成功せず、二十一日攻撃を敢行した時はサルジニア軍は既に退却していたが、これを追撃してモントヴィ附近の戦闘となり遂にコッリー軍を撃破した。

サルジニアは震駭して屈伏し二十八日午前二時休戦条約が成立した。

この二週間の間に墺軍に一打撃を与えサルジニア国を全く屈伏した作戦は今日の軍人の眼で見れば余りに当然であると考え、ナポレオンの偉大を発見するに苦しむであろうが、フリードリヒ大王以来の戦争に対比すれば始めてその大変化を発見し得るのである。このナポレオンの殲滅戦略を戦争目的達成に向って続行し得るところに即ち決戦戦争が行わるる事となるのである。サルジニアを屈したナポレオンは再び墺国に向い前進、ポー川左岸に退却せる敵に対しポー川南岸を東進して五月八日ピアツェンツァ附近に於てポー川を渡り、敵をしてロンバルデーを放棄の止むなきに至らしめ、敵を追撃して十日有名なるロジの敵前渡河を強行、十五日ミラノに入城した。

五月末ミラノを発しガルダ湖畔に進出、ボーリューを遠くチロール山中に撃退した。

当時の仏墺戦争は持久戦争でありイタリア作戦はその一支作戦に過ぎない。ナポレオンは新しき殲滅戦略により敵を圧倒したが結局ここに攻勢の終末点に達した。殊にマントア要塞は頗る堅固でナポレオンはこの要塞を攻囲しつつ四回も敵の解囲企図を粉砕、一七九七年二月二日までにマントアを降伏せしめた。

一九一六年ファルケンハインが、いわゆる制限目的を有する攻撃としてベルダン攻撃案を採用しカイゼルに上奏せる際「若し仏軍にして極力これを維持せんとせば恐らく最後の一兵をも使用するの止むなきに至るであろう。若し斯くの如くせばこれ我が軍の目的を達成せるものである」と述べている。一九一六年ドイツのベルダン攻撃はこの目的を達成しかね、ドイツ軍は連合側に劣らざる大損害を受けて戦争の前途にむしろ暗影を投じたのであったが、ナポレオンのマントア攻囲はよくファルケンハインの企図したこの目的を達成したのである。

墺軍は四回の解囲とマントアの降伏で少なくとも十万の兵力を失った（仏軍の損失は二万五千）。マントア攻囲前の墺軍の損失は二万に達するから、一年足らずの間に墺軍はナポレオンのために十二万を失ったのである。これは当時の墺国としては大問題で、これがため主戦場から兵を転用し、最後にはウインの衛戍兵までも駆り集めたのである。

墺国の国力は消耗し、ナポレオンは一七九七年三月前進を起し、四月十八日レオベンの休戦条約が成立した。

その後の大観

ナポレオンの天才的頭脳が新戦略を生み出し、その新戦略に依ってナポレオンはたちまち軍神として全欧州を震駭した。かくしてフランスはナポレオンに依って救われた。

ナポレオンは対英戦争の第一手段として一七九八年エジプト遠征を行なったが、留守の間仏国は再びイタリアを失い苦境に立ったのに乗じ、帰来第一統領となって一八〇〇年有名なアルプス越えに依って再び名望を高めた。

一度英国と和したが一八〇三年再び開戦、遂に十年にわたる持久戦争となった。一八〇四年皇帝の位に即き、英国侵入計画は着々として進捗、その綜合的大計画は真に天下の偉観であった。これは今日ヒットラーの試みと対比して無限の興味を覚える。

海軍の無能によってナポレオンの計画は実行一歩手前に於て頓挫し、英国は墺、露を誘引して背後を覘《ねら》わしめた。ナポレオンは一八〇五年八月遂に英国侵入の兵を転じて墺国征伐に決心した。

ドーバー海峡に集結訓練を重ねた約二十万の精鋭（真に世界歴史に見なかった精鋭である）は堂々東進を開始して南ドイツに侵入、墺、露両軍の間に突進して九月十七日墺のほとんど全軍をウルムに包囲降伏せしめた。ナポレオンはドナウ川に沿うてウインに迫り、逃ぐる敵を追ってメーレンに侵入したが、攻勢の終末点に達ししかも普国の態度疑わしく、形勢楽観を許さぬ状況となったが、ナポレオンは巧みに墺、露の連合軍を誘致して十二月二日アウステルリッツの会戦となり戦争の目的を達成した。

一八〇六年普国と戦端が開かれるとナポレオンは南ドイツにあったその軍隊を巧みに集結、十六万の大軍三縦隊となりてチュウリンゲンを通過して北進、敵をイエナ、アウエルステートに撃破し、逃ぐるを追って古今未曽有の大追撃を強行、プロイセンのほとんど全軍を潰滅した。しかもポーランドに進出すると冬が来る。物資が少ない。非常に苦しい立場に陥った一八〇七年六月二十五日漸《ようや》く露国との平和となった。

対英戦争の第三法である大陸封鎖強行のため一八〇八年スペインに侵入したところ、作戦思うように行かず、ナポレオン失敗の第一歩をなした。英国の煽動により一八〇九年墺国が再び開戦し、ナポレオンの巧妙なる作戦はよくこれを撃破したが一方スペインを未解決のまま放任せざるを得ない事となり、またアスペルンの渡河攻撃に於ては遂に失敗、名将ナポレオンが初めて黒星をとった。

この大陸封鎖の関係から遂に一八一二年露国との戦争となり、モスクワの大失敗となった。

一八一三年新兵を駆り集め、エルベ河畔での作戦はナポレオンの天才振りを発揮した面白いものであったが、遂にライプチヒの大敗に終り、一八一四年は寡兵をもってパリ東方地区に於て大軍に対する内線作戦となった。一七九六年の作戦に比べて面白い研究問題であり、彼の部将としての最高の能率を発揮したと見るべきである。しかも兵力の差が甚だしく、殊に普軍がナポレオンの新用兵術を体得していたので思うに任せず、連合軍に降伏の止むなきに至った（この作戦は伊奈中佐の『名将ナポレオンの戦略』によく記されている）。

一八一五年のワーテルローは大体見込なき最後の努力であった。

対墺、対普の個々の戦争は巧みに決戦戦争を行なったが、スペインに対して地形その他の関係で思うに任せず、対露侵入作戦は大失敗をした。しかも、全体から見てナポレオンはその全力を対英持久戦争に捧げたのである。海と英国国民性の強靭さは天才ナポレオンを遂に倒したのである。

ヒットラーは今日ナポレオンの後継者として立っている。

第七節　ナポレオンより第一次欧州大戦へ

持久戦争では作戦目標が多く自然に土地となるが（持久戦争でも殲滅戦略を企図する場合はもちろん軍隊）、決戦戦争の特徴は殲滅戦略の徹底的運用であり、作戦目標は敵の軍隊であり、敵軍の主力である。

決戦戦争に於ては主義として戦略は政略より優先すると同じく、戦略と戦術の利害一致しない時は、戦術に重点を置くのを原則とする。我らが中少尉時代は盛んにこの事を鼓吹せられたものである。フランス革命前に於ける用兵思想の克服戦が、決戦戦争の末期まで継続せられていたわけである。感慨深からざるを得ない。

決戦戦争の進展は当然殲滅戦略の徹底で基礎をなす。即ち敵軍主力の殲滅に最も重要なる作用をなす会戦が戦争の中心問題であり、その会戦成果の増大に徹底する事が作戦上の最大目標である。

会戦成果を大ならしむるためには敵を包囲殲滅する事が理想であり、それがためモルトケ時代からは特に分進合撃が唱導せられた。会戦場に兵力を集結するのである。即ち分進して軍隊の行動を容易にし、会戦場にて兵力を集結し特に敵の包囲に便ならしめる。

しかるにナポレオンは通常会戦前に兵力を集結するに勉めた。もちろん常にそうではなかったので、例えば一八〇六年の晩秋戦、一八〇七年アルレンスタインに向う前進、およびフロイシュ、アイロウ附近の会戦、一八〇九年レーゲンスブルグ附近に於けるマッセナの使用、一八一三年バウツェン会戦に於けるネーの使用等は一部または有力なる部隊を会戦場に於て主力に合する事を計ったのである。しかしその場合もフロイシュ、アイロウでは各個戦闘を惹起して形勢不利となり、またバウツェンでも統一的効果を挙げる事は出来なかった。それはナポレオン当時の軍隊は通信不完全で一々伝騎に依らなければならないし、兵団の独立性も充分でなかった結果、自然会戦前兵力集結主義としなければならなかったのである。

　モルトケ時代は既に電信採用せられ、鉄道は作戦上最も有利な材料となり、かつまた兵力増加、各兵団の独立作戦能力が大となったのみならず、プロイセンの将校教育の成果挙がり、特に一八一〇年創立した陸軍大学の力とモルトケ参謀総長自身の高級将校、幕僚教育に依り戦略戦術の思想が自然に統一せらるるに至った結果、分進合撃すなわち会戦地集結が作戦の要領として賞用せらるるに至った。

　しかしモルトケも必ずしも勇敢にこれを実行し得なかった事が多い。

　モルトケ元帥は一八九〇年議会に於ける演説に於て「将来戦は七年戦争または三十年戦争たる事無きにあらず」と述べている。しかし商工業の急激なる進歩は長期戦争は到底不可能と一般に信ぜられ、また軍事の進歩も甚だしく一八九一年から一九〇六年まで参謀総長であったシュリーフェンは殲滅戦略の徹底に全力を傾注した。シュリーフェンの「カンネ」から若干抜粋して見る。

「完全なる殲滅戦争が行なわれた。特に驚嘆に値するは本会戦が総ての理論に反し劣勢をもって勝利を得たる点にある。クラウゼウィッツは『敵に対し集中的効果は劣勢者の望み難きところである』と云っており、ナポレオンは『兵力劣勢なるものは、同時に敵の両翼を包囲すべからず』と云っている。然るにハンニバルは劣勢をもって集中的効果を挙げ、かつ単に敵の両翼のみならず更にその背後に向い迂回した」

「カンネの根本形式に依れば横広なる戦線が正面狭小で通常縦深に配備せられた敵に向い前進するのである。張出せる両翼は敵の両側に向い旋回し、先遣せる騎兵は敵の背後に迫る。若し何らかの事情に依り翼が中央から分離する事があってもこれを中央に近接せしめた後、同時に包囲攻撃のため前進せしむる如き事なく、翼に近接最捷路を経て敵の側背に迫らねばならぬ」

要するに平凡な捷利に満足することなく、重大な危険を顧みず敵の両側を包囲し絶大な兵力を敵の背後に進めて完全に敵全軍を捕捉殲滅せんとする「殲滅戦」への徹底である。

彼はこの思想を全ドイツ軍に徹底するため熱狂的努力を払った。彼の思想は決して堅実とは言われぬ。彼の著述した戦史研究等も全く主観的で歴史的事実に拘泥する事なく、総てを自己の理想の表現のために枉《ま》げておる有様である。危険を伴うものと言わねばならぬが、速戦即決の徹底を要したドイツのため止むに止まれぬ彼の意気は真に壮とせねばならぬ。彼が臨終に於ける囈語《うわごと》は「吾人の右翼を強大ならしめよ！」であった。外国人の私も涙なくして読まれぬ心地がする。タンネンベルグ会戦は彼の理想が高弟ルーデンドルフにより最もよく実行せられたのである。

彼が参謀総長として最後の計画であった一九〇五年の対仏作戦計画は彼の理想を最もよく現わしている。ベルダン以東には真に僅少の兵力で満足して主力をオアーズ河以西に進め、ラフェール、パリ間には十個軍団を向け、パリは補充六個軍団で攻囲し、更にその西南方地区より敵主力の背後に七個軍団を迂回して全仏軍を捕捉殲滅せんとするのである。殲滅戦の徹底と見るべきである。

第八節　第一次欧州大戦

ドイツで殲滅戦が盛んに唱道せられ、決戦戦争への徹底を来たしている時、日露戦争、南阿戦争は持久戦争の傾向を示したものであるが、それらは皆殖民地戦争のためと簡単に片づけられた。もちろん土地の兵力に対する広大と交通の不便が両戦争を持久戦争たらざるを得ざらしむる原因となったのであるが、両戦争を詳細に観察すれば正面突破の至難が観破せられる。これは欧州大戦の持久戦争となる予報であったのだ。ドイツはこの戦争の教訓に依り重砲の増加に努力した。着眼は良かったが、まだまだ時勢の真相を把握するの明がなかった。

第一次欧州大戦開始せられると、殖民地戦争の経験に富むキチナー元帥は、戦争は三年以上もかかるように言うたのであるが、一般の人々は誰もが戦争は最短期間に終るものと考え、殊にドイツではクリスマスはベルリンでと信じ、軍隊輸送列車には「パリ行」と兵士どもが落書したのである。

しかるに破竹の勢いでパリの前面まで侵入したドイツ軍はマルヌ会戦に敗れて後退、

戦線はスイスから北海に及んで交綏《こうすい》状態となり、東方戦場また決戦に至らないで、遂に万人の予想に反し四年半の持久戦争となった。

一九一四年のモルトケ大将の作戦は一九〇五年のシュリーフェン案に比べて余りに消極的のものであった。即ちシュリーフェンが一軍団半、後備四旅団半、騎兵六師団しか用いなかったメッツ以東の地区に八軍団、後備五旅団半、騎兵六師団を使用し、ベルダン以西に用いた攻勢翼である第一ないし第四軍の兵力は合計約二十一軍団に過ぎない。ドイツ軍の右翼がパリにすら達しなかったのは当然である。

シュリーフェン引退後、連合国側の軍備はどしどし増加するに反してドイツ側はなかなか思うように行かなかった。第一次欧州大戦前ドイツの政情は満州事変前の日本のそれに非常に似ていたのである。世は自由主義政党の勢力強く、参謀本部の要求はなかなか陸軍省の賛成が得られず（しかも参謀本部の要求も世間の風潮に押されて誠に控え目であった）、更に陸軍省と大蔵省、政府と議会の関係は甚だしく兵備を掣肘する。英国側の宣伝に完全に迷わされていた。日本知識階級は開戦頃の同盟側の軍備は連合側より遥かに優越していたように思っていた人が多いようであるが、実際は同盟側の百六十七師団に対し連合側は二百三十四師団の優勢を占めていたのである。同盟側の軍備拡張は露、仏のそれに遥かに及ばなかった。

シュリーフェンの一九一二年私案は仏国側の兵力増加とその攻勢作戦（一九〇五年頃

は仏国が守備に立つものとの判断である）を予想して敵に先んじてアントワープ、ナムールの隘路通過は期待し難く、従って最初から敵翼の包囲は困難で一度敵線を突破するを必要と考え、全正面に対し攻撃を加えるを必要（一九〇五年案ロートリンゲン以東は守勢）とした。これがため兵力の大増加を必要とし、全既教育兵を動員し、かつ師団の兵力を減ずるも兵団数を大増加すべしと主張した。もちろん主力は徹底的に右翼に使用する。

シュリーフェンは退職後も毎年作戦計画の私案を作り、クリスマスには必ず参謀本部のクール将軍に送り届けたのである。日本軍人もって如何となす。

自由主義政治の大勢に押されていたドイツ陸軍もモロッコ事件やバルカン戦争並びに仏露の軍備充実に刺戟せられて一九一一年以来若干の軍備拡張を行ない、殊に一九一三年には参謀本部が平時兵力三十万の増加を提案して十一万七千の増加が議会を通過した。これらの軍拡が政治の掣肘を受けず果敢に行なわれたならばマルヌ会戦はドイツの勝利であったろうとドイツ参謀本部の人々が常に口惜しがるところである。

しかしドイツ軍部もこの頃は国防の根本に対する熱情が充分でなく、ややもすれば行き詰まりの人事行政打開に重点を置いて軍拡を企図した形跡を見遁す事が出来ない。平時兵団の増加は固よりよろしいが、応急のため更に大切なのはシュリーフェンの主張の通り全既教育兵の完全動員に先ず重点を置かるべきであったと信ずる。

モルトケ大将の作戦計画はシュリーフェン案を歪曲したものとして甚だしく攻撃せられる。これはたしかに一理がある。若しシュリーフェンが当時まで参謀総長であったならば、ドイツは第一次欧州大戦も決戦戦争を遂行して仏国を屈し戦勝を得たかも知れない（仏国撃破後英国を屈し得たか否かは別問題である）。しかしモルトケ案の後退には時代の勢いが作用していた事を見逃してはならない。

一九〇六年すなわちシュリーフェン引退の年、換言すれば決戦戦争へ徹底の頂点に在ったとも見るべき年にドイツ参謀本部は経済参謀本部の設立を提議している。無意識の中に持久戦争への予感が兆し始めておったのである。この事は人間社会の事象を考察するに非常な示唆を与えるものと信ずる。特に注意を要するは、作戦計画の当事者が最も早くこれを感知した事である。言論界、殊に軍事界に於て経済的動員準備の必要が唱道せらるるに至ったのは遅れて一九一二年頃からである。しかしそれも固より大勢を動かすに至らず、財政的準備以外は何ら見るべきものが無かった。

「一九一四年七月初旬、内務次官フォン・デルブリュックは当時ロッテルダムに多量の穀物が在ったため、急遽ドイツ帝国穀物貯蓄倉庫を創設せんとした。しかしながらこれには五百万マルクを必要とし、大蔵大臣はこれを支出する事を肯《がえ》んじなかった。大蔵大臣はデルブリュックに書簡をもってこの由を申し送った。曰《いわ》く『吾人は決して戦争に至らしめないであろう。若し余が貴下に五百万マルクの支出を承諾するならば、穀物を国庫の損失補償の下に売却すると同じである。これは既に困難なる一九一五年度の予算編成を更に一層困難ならしむるであろう』と。

結局資金は支出されず、予算編成は滞りなく済み、七十五万人のドイツ人は飢餓のため死亡した!」(アントン・チシュカ著『発明家は封鎖を破る』二三四―二三五頁)

モルトケ大将はモルトケ元帥の甥で永くその副官を務め、陸軍大学出身でなく参謀本部の勤務も甚だ短かった。参謀総長になったのはカイゼルとの個人関係が主であったらしい。シュリーフェンの弟子ではない。これがかえってモルトケをして時代性を参謀本部の人々よりも敏感に感受せしめたらしい。

シュリーフェンの計画はベルギーだけでなくオランダの中立をも躊躇する事なく蹂躙するものであった。私がドイツ留学中少し欧州戦史の研究を志し、北野中将(当時大尉)と共同して戦史課のオットー中佐の講義を聴くことにした。同中佐は最初陸大で学生にでも講義する要領で問題等を出して来たが、つまらないのでこちらから研究問題を出して相当に苦しめてやった。ある日シュリーフェンはオランダの中立を犯す決心であったろうと問うたところ、何故かと詰《なじ》うから色々理由を述べ、特に戦史課長フェルスター中佐の著書等にシュリーフェンがアントワープ、ナムールの隘路を頻りに苦慮するが、それより前にリエージュ、ナムールの大隘路があるではないか、それを問題にしないのはオランダの中立侵犯の証拠であると詰り、フェルスター課長に聞いて来るように要求し

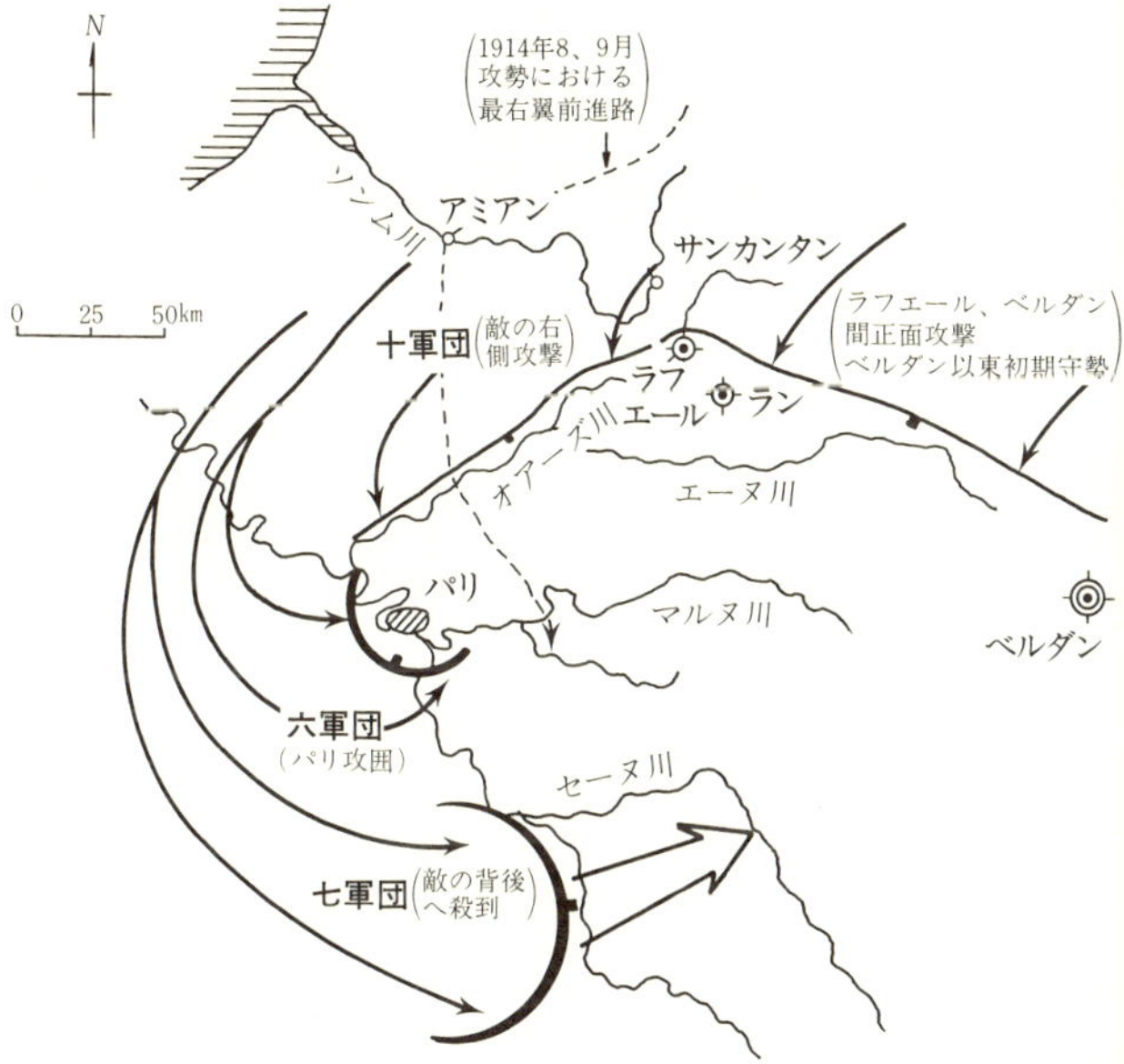

た。ところで次回にオットー中佐は契約書にサインを求めるから読んで見ると「貴官と戦史を研究するがドイツの秘密をあばく事等をしない」と云うような事が書いてあった。オットー中佐はその知人に「日本人は手強い」とこぼしていたそうである。フェルスター中佐の名著『シュリーフエンと世界戦争』の第二版にマース川渡河強行のことを挿入した（四一頁）のはこの結果らしい。今でも愉快な思い出である。フェルスター氏は更にその後アルゲマイネ・ツァイツングに「シュリーフェ

ン伯はオランダも暴力により圧伏せんと欲したりや」という論文を出した。結局オランダを蹂躙するのではなく、オランダと諒解の上と釈明せんとするのである。

ところが一九二二年モルトケ大将の細君がモルトケ大将の『思い出、書簡、公文書』を出版しているのを発見した。それを読んで見ると一九一四年十一月の「観察および思い出」に「……シュリーフェン伯は独軍の右翼をもって南オランダを通過せんとした。私はオランダを敵側に立たしむる事を好まず、むしろ我が軍の右翼をアーヘンとリンブルグ州の南端の間の狭小なる地区を強行通過する技術上の大困難を甘受する事とした。この行動を可能ならしむるためにはリュッチヒ（リエージュ）をなるべく速やかに領有せねばならない。そこでこの要塞を奇襲により攻略する計画が成立した」と記している。

オランダの中立を侵犯しないとせば独軍の主力軍がマース左岸に進出するのにオランダ国境からナムール要塞の約七十キロを通過せねばならず、この間にフイの止阻堡とベルギーの難攻不落と称するリエージュの要塞がある。リエージュは欧州大戦で比較的簡単に（それもこの計画の責任者とも云うべきルーデンドルフが偶然この攻撃に参加した事が有力な原因である）陥落したため、世人は軽く考えているが、モルトケとしては国軍主力のマース左岸への進出に、今日我らの考え及ばぬ大煩悶をしたのを充分察してやらねばならぬ。

敵は既にアルザス・ロートリンゲンに対し攻撃を企図している事は大体諜報で正確だ

と信ぜられて来た。ところがロートリンゲンのザール鉱工業地帯のドイツ産業に対する価値は非常に高まっている。もちろん決戦戦争に徹し得れば、一時これを犠牲とするも忍ばねばならないとの断定をなし得るのであるが、持久戦争への予感のあったモルトケとしてはこれも忍びない。

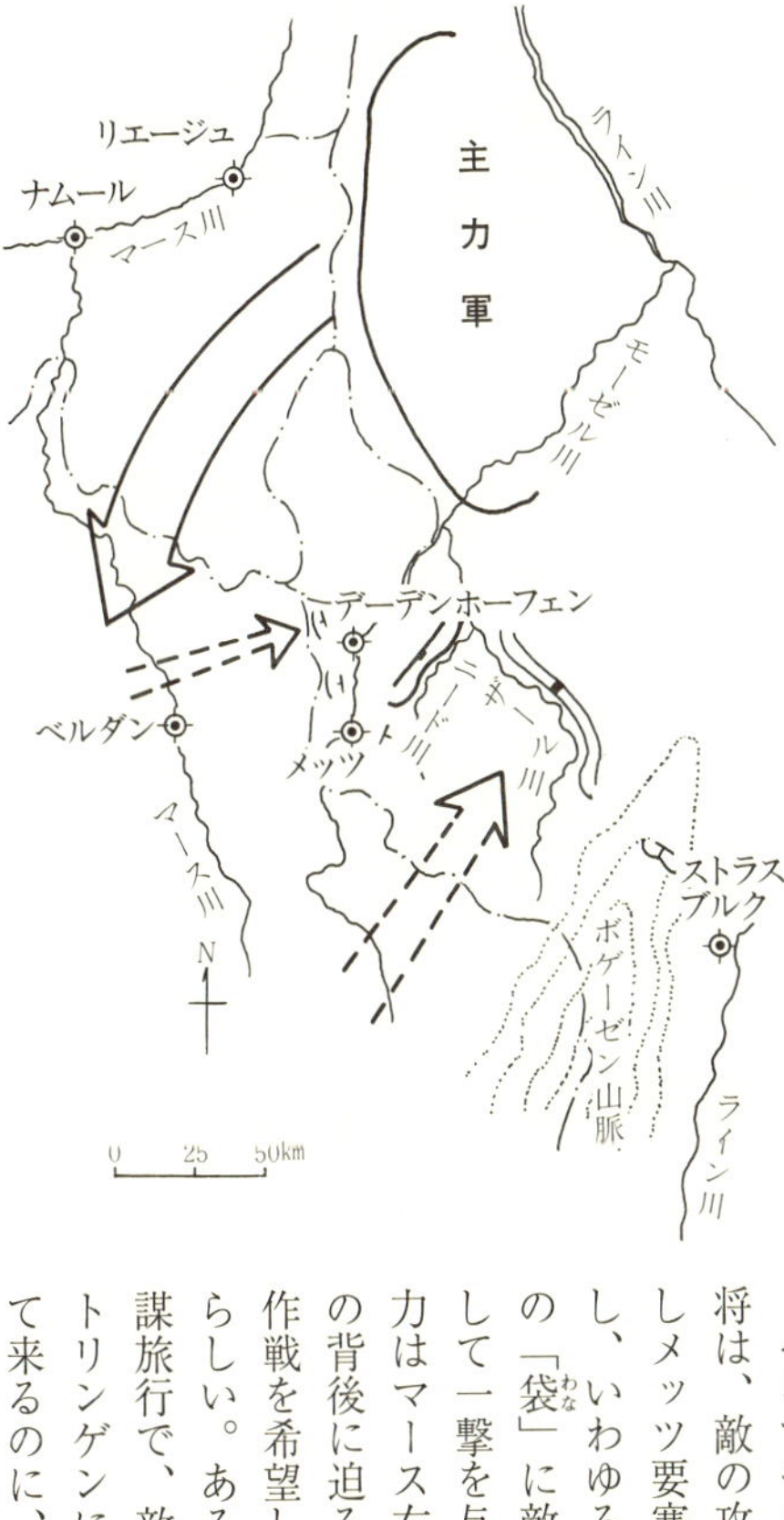

そこでモルトケ大将は、敵の攻撃に対しメッツ要塞を利用し、いわゆるニードの「袋《わな》」に敵を誘致して一撃を与え、主力はマース右岸の敵の背後に迫るような作戦を希望したものらしい。ある年の参謀旅行で、敵がロートリンゲンに突進して来るのに、作戦計

画の如く主力をマース左岸に進めんとする専習員の案に対し、モルトケは「その必要はない。マース右岸の地区を敵の側背に迫るべきだ」と講評したとの事である。

しかし無力なモルトケが、断然シュリーフェン伝統の大迂回作戦を断念する勇気はあり得ない。参謀本部の空気がそれを許すべくもない。また実際モルトケもそこまで徹底した識見は無かったであろう。永年の伝統に捉われない自由さから、他の人々より持久戦争に対する予感は強かったのだが、さりとて次の時代を明確に把握する事も出来なかったろう。モルトケを特に凡庸の人というのではない。ナポレオンの如く、ヒットラーの如く特に幾億人の中の一人と云われる優れた人でなければ無理な事である。

一九一四年八月十八日頃のモルトケの煩悶はこの辺の事情を見透せば自ら解るではないか。敵は予期した通りロートリンゲンに侵入して来た。しかしその態度が慎重でどうもニードの「袋《わな》」にかかるかどうか。リエージュはその間に陥落する。集中は予定通り出来る。敵の攻勢を待とうか、待ちたいが集中は終る。大迂回作戦を躊躇する事は全体の空気が許さないと云うような彼の心境であったろう。

不徹底なる計画、不徹底なる指揮は遂にマルヌ会戦の結果となった。しかし事ここに至ったのは一人のモルトケを責める事は少々無理である事が判ったであろう。時の勢いと見ねばならぬ。

モルトケ大将はマルヌに敗れて失脚し、陸相ファルケンハインが参謀総長を兼ねる事になった。彼は軍団長の経験すらなき新参者で大抜擢である。ファルケンハインは西方に於て頽勢の挽回に努力したが遂に成功しなかった。ルーデンドルフ一党からは一九一四年、特に一九一五年ルーデンドルフ等の東方に於ける成功に乗じ、彼らの献策を入れて敢然東方に兵力を転用しなかった事を攻撃せられる。彼らの云う如くせば、露国に一大打撃を与え戦争全般の指導に好結果をもたらしたであろう。しかし広大なる地域を有する露国に決戦戦争を強いる事は、当時恐らく困難であったろうと判断せられる。

ファルケンハインの失脚に依りヒンデンブルグ、ルーデンドルフの世の中となった。ドイツの軍事的成功は偉大なものがあったが、経済的困難の増加に伴い全般の形勢は逐次ドイツに不利となりつつあった。ドイツとしては軍事的成功を活用し、米国大統領の無併合、無賠償の主義を基礎として断固和平すべきであった。政略関係は総て和平を欲していたのにルーデンドルフは欧州大戦はクラウゼウィッツの「理念の戦争」であり連合国は同盟国を殲滅せざれば止まないのだから、この戦争に於ける統帥は絶対に政治の掣肘を受くべきにあらずとして政戦略の不一致を増大し、「こうなった以上は最後まで」と頑張って遂にあの惨敗となったのである。ルーデンドルフ一党はデルブリュックの言う如く戦争の本質に対する明確な見解を持たなかったのである。即ちナポレオン以後は決戦戦争が戦争の唯一のものであると断定して、彼らが既に持久戦争を行ないつつある事を悟り得なかったのである。

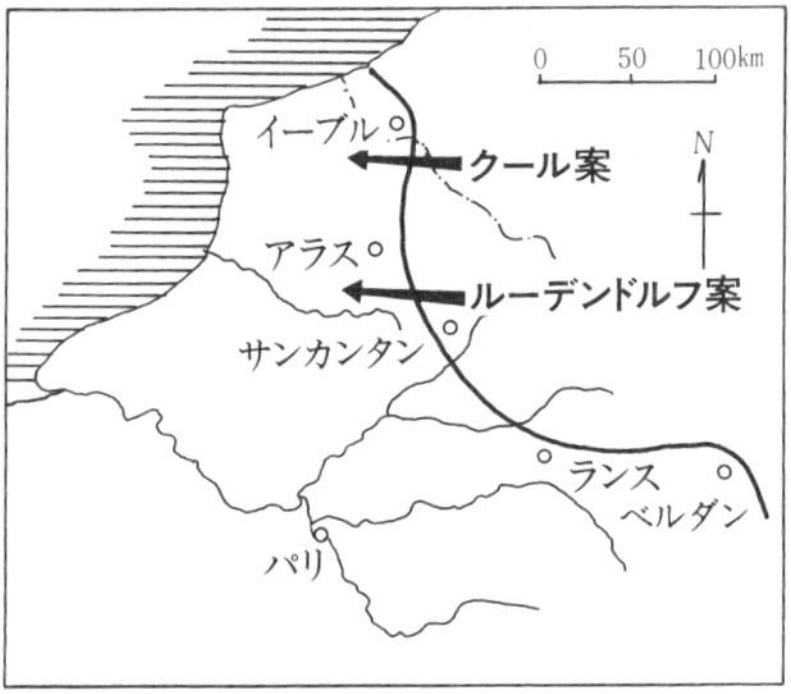

しかしあのドイツの惨敗、あの惨忍極まるベルサイユ条約の強制が、今日ナチス・ドイツの生まれる原動力をなした事を思えば生半可の平和より彼らのいわゆる「英雄的闘争」に徹底した事が正しかったとも云えるのである。天意はなかなか人智をもっては測り難いものである。

ルーデンドルフは潜水艇戦術その他彼の諸計画は皆殲滅戦略に基づくものだと主張している。殲滅戦略、消耗戦略問題でデルブリュック教授と頻りに論争したのであるが、特にルーデンドルフは両戦略の定義につき曖昧である。政治の干渉を排して無制限の潜水艇戦を強行したから殲滅戦略だと言うらしいが、我らの考えならば潜水艦戦は厳格な意味に於て殲滅戦略とは言い難い。

露国の崩壊によって一九一八年西方に大攻勢を試みたルーデンドルフはこれを殲滅戦略の断行と疾呼する。その軍事行為の一節を殲滅戦略と云い得るにせよ、ルーデンドルフにはあの戦略を最後まで徹底して実行し、大陸の敵主力を攻撃し、少なくも仏国に決戦戦争を強制せんとする決意ではなかったのである。即ち、持久戦争中の一節として殲滅戦略を行なったに過ぎない。フリードリヒ大王が持久戦争の末期に困難を打開せんとして断行したトルゴウ会戦と類を同じゅうする。

ルーデンドルフが一九一八年の三月攻勢の攻勢方面につき、クール大将の提案であるフランデルン〔フランドル〕攻勢とサンカンタン攻勢を比較するに当り、戦略上から云えば前者を有利と認めている。しかるにサンカンタン案をとったのは専ら戦術上の要求に依ると称している。

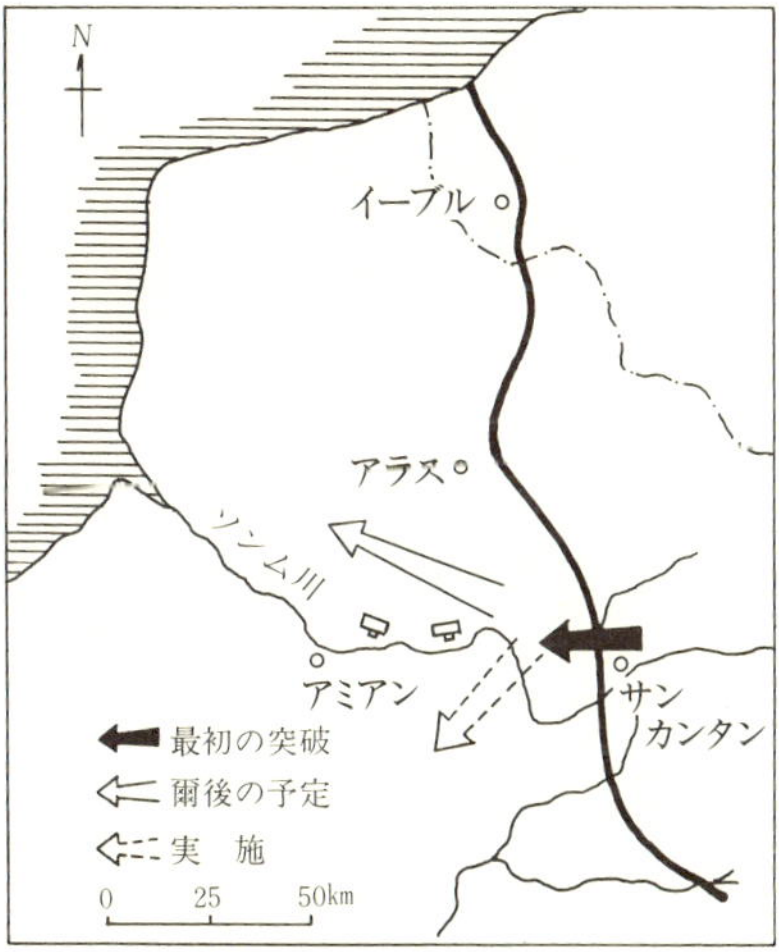

真に仏国に決戦を強いんとするならばサンカンタン附近を突破し、英仏軍を中断して運動戦に導き、敵主力を破る事が戦略上最も有利とする事は云うまでもない。

しかるにルーデンドルフは当時の独軍は既にかくの如き運動性を欠くと判断し、英軍を撃破して英仏海峡沿岸を占領するのが敵の抵抗を断念せしむる公算が大きいから、フランデルン攻勢は戦略上有利と主張したのである。ルーデンドルフは現実に決戦戦争は行なえぬものと考えていたのである。

三月攻勢の目標は英軍を撃破して英仏海峡に突進するにあった。それで仏軍に対しては攻勢の進展に伴いソンムの線を確保して左側を完全にする考えであった。しかるに攻勢初期は予期以上に好結果を得たので、ルーデンドルフは何時の間にやら最初の目標を変えてソンム南岸に兵を進め、更に大規模な作戦に転じようとしたのである。しかしながらこの攻勢は遂に頓挫してしまった。彼は後に、攻勢頓挫につき「運動戦に到達することが出来なかった」と云うておる。結局彼は英仏海峡にも達し得ず、大規模の運動戦にも転じ得ず、かえって新しき占領地区の左翼方面に不安を来たしたのである。

再度言うが、ドイツ軍事界の戦争の性質に関する見解の固定が、開戦前に予期したと全く異なった戦争状態になってもなおそれらを悟り得なかった事が、一九一八年攻勢の指導にまで重大な影響を与えたのである。

かくてドイツは統帥部の「こうなった以上は徹底的に」と云う主張に引きずられ、軍部も実は自信を失い政治はもちろん信念はなかったに拘らず、遂に行く所まで行ってベルサイユの屈辱となったのである。

万人の予期に反して四カ年半の持久戦争となったその第一原因は兵器の進歩である。機関銃の威力は甚だ大きく、特に防御に有利である。堅固に陣地を占め、決意して防御する敵を突破する事は至難である。これに加うるに兵力の増大が遂に戦線は海から海におよび迂回を不可能にした。突破も出来なければ迂回も不可能で、遂に持久戦争になったのである。

これはフランス革命で持久戦争から決戦戦争になったのとは状態を異にしている。即ちフリードリヒ大王の使った兵器も、ナポレオンの使用したものもほとんど同一であったのであるが、社会革命が軍隊の本質を変化し、在来の消耗戦略を清算し得た事が決戦戦争への変転を来たしたのであった。

第九節　第二次欧州大戦

持久戦争は勢力ほぼ相伯仲する時に行なわれるのである。第二次欧州大戦でドイツのいわゆる電撃作戦が、ポーランドやノルウェーの弱小国に対して迅速に決戦戦争を強行し得た事はもちろん驚くに足らない。英仏軍と独軍はマジノ、ジーグフリードの陣地線の突破はお互にほとんど不可能で、結局持久戦争になるものと常識的に信ぜられていた。

しかるに一九四〇年五月十日、独軍が西方に攻勢を開始すると疾風迅雷、僅かに七週間で強敵を屈伏せしめて、世界戦史上未曽有の大戦果を挙げ、仏国に対しても見事な決戦戦争を強行し得たのである。

五月十日攻勢を開始すると、先ず和（オランダ）、白（ベルギー）、仏三国の主要飛行場を空襲して大体一両日の中に制空権を得て、主として飛行機と機械化兵団の巧妙な協

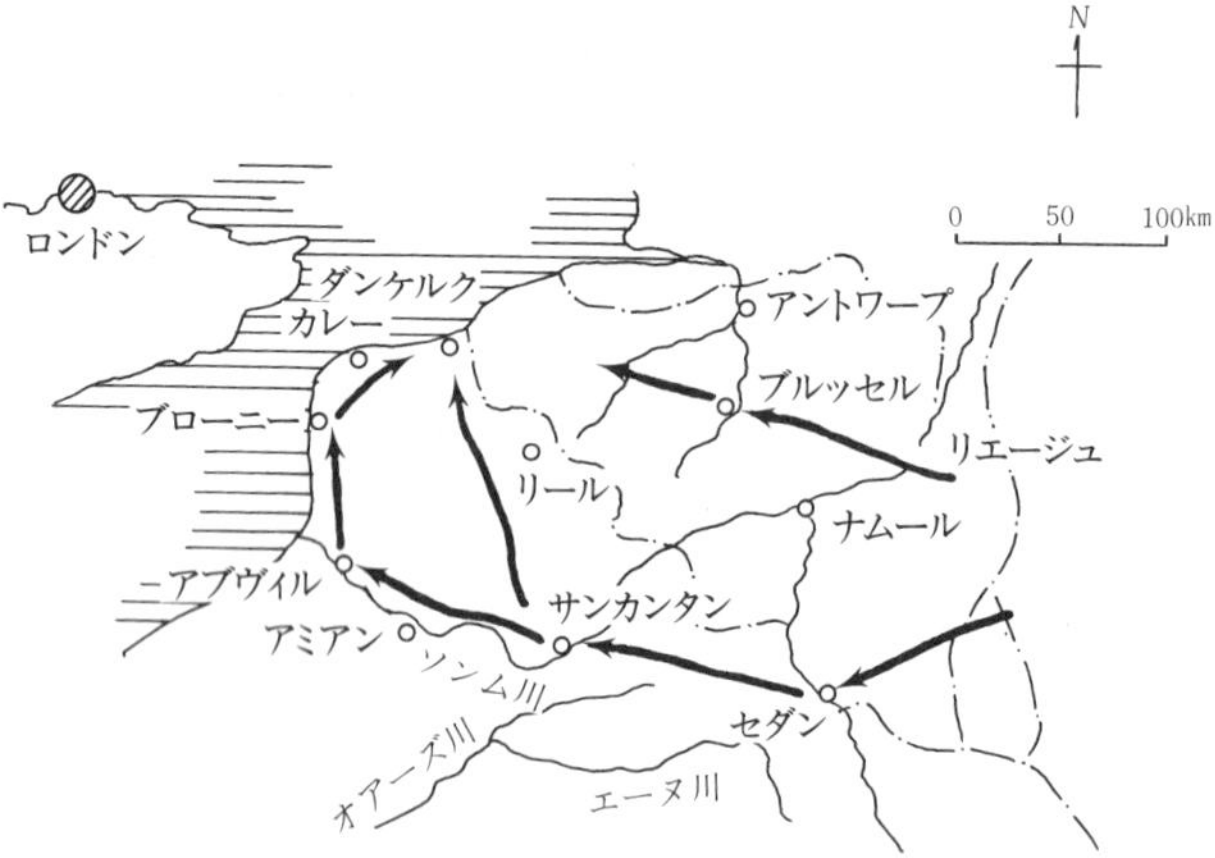

同作戦に依って神速果敢なる作戦が行なわれた。殊に民族的にも最も近いオランダには内部工作が巧みに行なわれていたらしく、空輸部隊の大胆な使用と相俟って五日間にこれを屈伏せしめる事が出来た。

ベルギー方面に侵入した独軍また破竹の勢いでマース川の大障害を突破して西進、特にアルデンヌ地方に前進した部隊は仏軍の意表に出でて五月十日既にセダン附近に於てマースを渡河し、マジノの延長線を突破したのである。

シュリーフェン以来独軍の主力は右翼にあるものと定まっていたのに、今日はアルデンヌの錯雑地を経て一挙北部フランスに突入した。

奇襲的効果は甚大であった。セダンの破壊口からドイツ軍は有力な機械化兵団を先頭として突入し、一九一八年三月攻勢にルーデンドルフが考えたようにエーヌ、オアーズ、ソンム等の川や運河を利用して左側背の掩護を確実にしながら主力は一路西進、たちまちアブヴィルに達した。同地では仏軍の一部が悠々練兵場で訓練中であったとの事である。いかに独軍の進撃が神速であったかを物語っている。

かくてフランデル〔フランドル〕とアルトアにあった英白軍および仏の有力部隊は瞬く間に包囲せられ、五月二十二日頃にはその運命が決定した。独軍の包囲圏は刻々縮小せられ、形勢非なるを見てとった英軍は匆々《そうそう》本国への退却を開始した。この情況を見たベルギー皇帝は五月二十八日無条件で独軍に降伏した。

形勢は更に急転、英仏軍は多数の降伏者を生じ、六月四日にはダンケルク陥落、遂にこの方面の作戦を終了した。

僅々二週間で和、白両国は降伏。英仏軍の有力なる部隊は撃滅せられその一部が辛うじて本国に逃げ帰った。

六月五日には独軍は早くもソンムの強行渡河に成功、仏国の抵抗意志は急速に低下して到るところ敗退、六月十四日独軍パリに入城、六月二十五日休戦成立した。

ドイツの作戦はまるで神業のようで持久戦争の時代は過ぎ去り、再び決戦戦争の時代到来せるやを信ぜしめる。しかしそれについては充分慎重な観察が必要である。

先ず第一に戦術上の観察を試みよう。独軍の成功は主として飛行機、戦車の威力であった。第一次欧州大戦当時に比して、この両武器は全く面目を一新しており、殊に飛行機が軍事上の革命を生ぜんとしている事は確実である。しかしこの両武器に対して、しかく簡単に正面は突破せらるべきであろうか。独軍はたちまち制空権を獲得して思う存分仏軍の後方を攻撃した。ために交通は大混乱に陥り、かつ集団して行動する部隊は絶対なる脅威を受けて動作の自由を失った事は当然である。しかし戦闘展開を終り準備を終えている軍隊に対する飛行機の攻撃はさして大なる威力を発揮し得るものではない。

戦車は準備なき軍隊、特に狼狽した軍隊に対してはその威力は頗る大きい。けれども地形の制限を受ける事多く、戦場ではほとんど盲唖である。沈着かつよく準備せられた軍隊に対しては左程猛威を逞しゅうし得るものではない。殊に考うべきことは対戦車火器の準備は戦車の準備に比して容易な事である。

戦車が敵陣地を突破し得てもその突破口が敵に塞がれ、続行して来る歩兵との連絡を絶たれる時は、戦車は間もなく燃料つきて立往生する。であるから真に近代的に装備せられ、決心して守備する敵陣地の突破はなかなか容易の事ではない。

マジノ線を仏国人は難攻不落のものと信じていた。しかるに独軍占領後の研究に依れば、マジノ線の築城編成は第一次欧州大戦の経験を主として専ら火砲の効力に対抗する事だけを考えて、攻者の新兵器に対する考慮が充分払われていなかった。即ち自由主義フランスはドイツの真剣なる準備に対抗する迫力を欠いていたのである。

ドイツ軍は空軍と戦車、それに歩工兵の密接なる協力に依って築城の中間地を突破する方式に出て、フランス軍の意表に出たのである。

殊に自由主義国フランスの怠慢はマジノ線の北端をベルギー国境に託して自ら安心し、迂回し得る陣地であった事である。いわゆるマジノ延長線は紙上計画に止まり大体有事の日、工事に取りかかる考えであったが、開戦後は労働力の不足等の関係で大して工事を施されていなかった。またマジノ線に連接してベルギーがリエージュを主体としてマジノ線に準じた築城を完成する約束であったが、事実は大して工事が行なわれていなかった。

ドイツ軍は実にこの虚をついたわけである。運動戦となるや独軍の極めて優れた空軍と機械化兵団が連合軍の心胆を奪って大胆無比の作戦をなし遂げ得た。

あの極めて劣勢なフィンランドが長時日良く優秀装備のソ軍の猛攻を支えた事は今日でもいかに防禦力の大であるかを示している。今度の作戦でもフランデル方面に於て敵の正面に衝突した独軍の攻撃はなかなか簡単には成功しなかったらしいのである。空軍の大進歩、戦車の発達も充分準備し決心して戦う敵線の突破は至難である事を示している。

第一次欧州大戦では仏、白の戦闘意志は英国のそれに劣らぬものであったが、今回は余程事情を異にしていたらしい。フランスの頽廃的気分、支配階級の「滅公奉私」の卑しむべき行為はアンドレ・モーロアの『フランス敗れたり』を一読する者のただちに痛感するところである。

英国の利己的行為は仏、白との精神的結合を破壊していた。数年前ドイツがライン進駐を決行した時、仏国が断然ベルサイユ条約に基づいてドイツに一撃を加うべく主張したのに対し英国は反対し、その後も作戦計画につき事毎に意見の一致を見なかったと伝えられる。真に二国が衷心一致してドイツの進攻に抗する熱意があったならば独、白国境の築城は必ず完成されているべきであったし、今後の作戦についても更に緊密な協同が行なわれたであろう。

戦略的に見れば戦力の著しく劣った仏国は国境で守勢をとるべきであり、軍当局はこれを欲したであろう。しかし政略はこれを許さない。止むなく有力な主力軍をベルギーに進め、ドイツの電撃作戦に依って包囲せらるるや、利己主義の英国はたちまち地金を現わして本国へ退却の色を見せる。若し英国が真に戦うならば本国は全く海軍に一任し、あらゆる手段を尽してその陸軍を大陸に止むべきであった。英国の態度はベルギーの降伏となり、フランスの戦意喪失となったのは当然である。

かく考えて来る時は無準備でしかも統一と感激なき自由主義国家と、鉄の如き意志に依り完全にしかも深き感激の下に統一せられ、総力を極度に合理的に集中運用せる全体主義国との対立であって、断じて相匹敵する戦争力の争いではない。即ち時代が決戦戦争となったのでなく、両方の力の著しき差があの歴史上無比の輝かしき決戦戦争を遂行せしめたのである。

特にこの際我が国民に深き反省を要求するのは、自由主義国家と全体主義国家の戦争準備に対する能力の驚嘆すべき差である。老大富裕国英仏が、戦後の疲れなお医《いや》し切れなかった貧乏国ドイツに対し、ナチス政権確立後僅々数年でかくの如き劣勢に陥ったのである。この事は満州事変後我が国が極東作戦準備につきソ連との間に充分経験した事である。満州事変頃は両国の戦争力相伯仲していたが、僅かに数年のうちに彼我戦力の差に隔りを見た事がその後の東亜不安の根本原因である。

速やかに我らは強力なる統制の下に世界無比の急速度をもって我らの戦争力を向上せしめねばならぬ。

今日フランスに対しては輝かしき決戦戦争を完遂したドイツも、海を隔てた英国に対しては殲滅戦略の続行が出来なくなり持久戦争になる公算が依然極めて大きい。ドイツが英国に対し殲滅戦略、即ち上陸作戦を強行するためには英仏海峡の制海権が絶対に必要である。また制海権を得たとしても上陸作戦の困難は極めて大きい。制海権のため海軍力の劣勢なドイツは主として空軍に頼らねばならぬ。我らは常識的に、仏国海岸を占領したなら空軍の優勢なドイツは英近海の海運に大打撃を与え、英国はそれだけでも屈伏するだろうと考えていたが、今日までの結果を見ると飛行機による艦船の爆沈は潜水艦の威力に及ばぬ状態である。英仏海峡は依然英国海軍の支配下にあるらしい。今後果してドイツがこの海峡の制海権を獲得し得るや否やが決戦戦争の能否の第一分岐点である。

昨年九月以降のロンドン猛爆の結果より見て、今日の発達した空軍でもなお空軍による決戦戦争は不可能のようである。

要するにフランス革命に依って国民的軍隊が生まれ、職業軍時代の病根を断って殲滅戦略が採用せられ、その威力の及ぶ範囲に於て決戦戦争が行なわるる事となった。しかし兵器の進歩は攻防両者に対する利益は交互的に現わるる傾向があるものの、大勢は防者に有利となり逐次正面の突破を困難にした。それでも兵力少ない時代は敵翼を迂回包囲する見込みがあったのである。正面突破の困難増大し、しかも決戦戦争の要ますます切となって来たドイツが、シュリーフェンの「カンネ」思想を生んだのはこの時代的要求の結果である。

国民皆兵の徹底が兵力を増大し、人口密度大なる欧州の諸国家では国軍をもって全国境を守備するに足る兵員を得るようになり、遂に迂回を不可能として持久戦争の時代に入ったのである。

毒ガス、戦車等第一次欧州戦争の末期既に敵正面突破のため相当の威力を示して持久戦争から脱け出そうとあせったが、大戦後は空軍の進歩甚だしく、これに依って敵軍隊の後方破壊と直接軍隊の攻撃に依って敵陣地を突破せんとする努力と、更に進んで敵政治の中心を攻撃する事に依って敵国を屈伏せんとする二つの考えが生じて来、決戦戦争への示唆を与えつつ第二次欧州大戦となった。ドイツは飛行機、戦車の巧妙なる協同に依り敵陣地突破に成功して大陸諸国に対し決戦戦争を遂行した。しかしこれは結局相手国がドイツに対する真剣な準備を欠いたためで、地上兵力に依る強国間の決戦戦争は依然至難と考えられる。

第二の空軍をもって敵国中心の攻撃に依る決戦戦争は、英、独の間に於ける実験により今日なお殆んど不可能である事を実証した。しかし空軍主力の時代が来れば初めて海も持久戦争の原因とはならない。空軍の徹底的発達がこの決戦戦争を予告し、それも地上作戦でなく敵国中心の空中襲撃に依る事は疑いを入れない。地球の半周の距離にある敵に対し決戦戦争を強制し得る時は、世界最終戦争到来の時である。

第三章　会戦指導方針の変化

第一節　会戦の二種類

戦争の性質に陰、陽の二種あるように、会戦も二つの傾向に分ける事が出来る。

1　最初から方針を確立し一挙に迅速に決戦を求める。（第一線決戦主義）
2　最初は先ず敵を傷める事に努力し機を見て決戦を行なう。（第二線決戦主義）
両者を比較すれば、

第一線決戦主義

一、将帥は決戦の方針を確立して攻撃を行なう。
二、第一線の兵力強大、予備は少し。
三、最初の衝撃を最も猛烈に行なう。
四、偶然に支配せらるる事多く奇効を奏するに便なり。

第二線決戦主義

一、将帥は会戦経過を見て決戦の方針を決定す。
二、極めて有力なる予備隊を設く。
三、最後の衝撃を最も猛烈に行なう。
四、堅実にして偶然に支配せらるる事少なく兵力が最も重大なる要素なり。

第二節　二種類に分るる原因

1　武力の靭強性
2　国民性および将帥の性格

攻撃威力が強い、逆に防禦の能力の脆弱な戦闘、換言すれば勝敗の早くつく戦闘では自然第一線決戦主義が採用せらる。例えて言えば騎兵の密集襲撃のようなものである。これに反し防禦が靭強である時は急に勝負がつき難い。妄《みだ》りに猪突するは危険で第二線決戦主義が有利となる。それ故この二種類はその時代の軍隊の性格に依る事が最も多い。特に兵器が進歩して来れば来る程、国民性や将帥の性格の及ぼす影響が小さくなるのは当然である。

古代、兵器が極めて単純であった時代は、国民性の会戦指導要領に及ぼす影響は比較的大であり得た訳である。ギリシャ人は強大な大集団を作りこれをファランクスと名付けた。この大集団に依る偉大な衝力に依り一挙に決勝を企図したのである。これに対しローマ人はレギオンと称し比較的小さな集団を編制した。これは行動の自由を利用して巧みに敵に損害を与え、敵を撹乱し、適時機を見て決戦を行なわんとするのである。すなわちギリシャ人は第一線決戦主義に傾き、ローマ人は第二線決戦主義を好んだのである。第一線決戦主義は理想主義的であり、第二線決戦主義は現実主義的である。

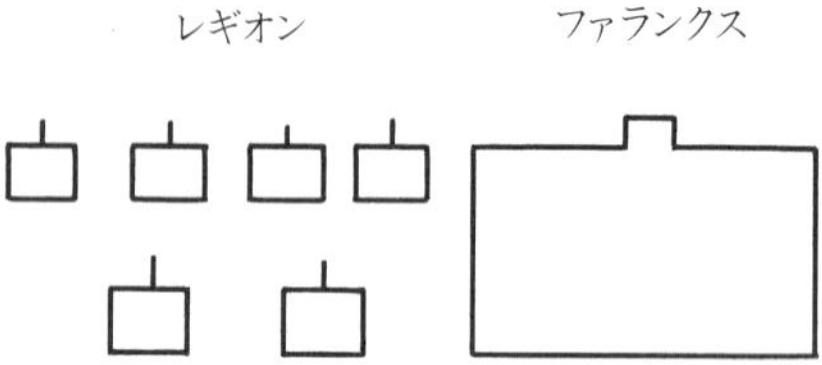

蓋《けだ》しギリシャ人は哲学や芸術に秀で、ローマ人は実業に秀でている民族性と会戦方式に相通ずるものが有るを見るであろう。田中寛一博士の『日本民族の将来』に依れば、古代ギリシャ人は今日のギリシャ人と異なり北方民族であった。

今日段々高度の武装をなし民族性の影響は昔日に比し大となり難いのであるが、第一次欧州大戦初期の両軍作戦を見るに、固より他にも色々の事情はあったであろうが、ローマ民族に近いフランスは第一第二軍をして先ず敵地に侵入せしめ後方に第四軍等を集結し、戦況に応じて主決戦場を決定せんとする態勢を整えているのに対し、ギリシャ人に近いドイツは主決戦場を右翼に決定、強大兵団をこの目的に応じて戦略展開を行ない、一挙に敵軍の左側背に殺到せんとしたのである。

今日でもなお民族性が会戦指揮方針のみならず軍事の万般にわたり相当の影響を与えつつある事を見るのである。

将帥の性格も同じ意味に於て個性を発揮するものと云うべきである。ナポレオンもアウステルリッツの如く第一線決戦を企図した事はある。また当時の縦隊戦術は後述する如く自然第二線決戦主義を有利とするのであるけれども、第二線決戦はナポレオンの最も得意とするところである。地中海民族から第二線決戦の最大名手を出した事は面白いではないか。

また北方民族から第一線決戦の最大名手フリードリヒ大王を出したことは時代の勢いであったとは言え必ずしも偶然とのみ言えない。

用兵上に民族性が作用する事は当然軍事学上にも同じ傾向となって現われる。

フォッシュ元帥が伊藤述史氏に言うたように（四〇頁）軍事学もまた当然民族の性格の影響を受ける。帰納的であるクラウゼウィッツと演繹《えんえき》的であるジョミニーは独仏両民族の傾向を示すものと云うべきだ。一八七〇—七一年普仏戦争に於ける大勝の結果、フランスに於てもモルトケ、クラウゼウィッツの研究が盛んになった。一九〇二年のボンナール『独仏高等兵学の方式について』には「ジョミニーの論述する如き一般原則から敷衍《ふえん》せる戦法の系統は謬妄、危険で絶対に排斥すべきもの」と言っている。しかしフランスでは依然ジョミニー流の思想が相当有力で、殊に第一次欧州大戦の勝利は

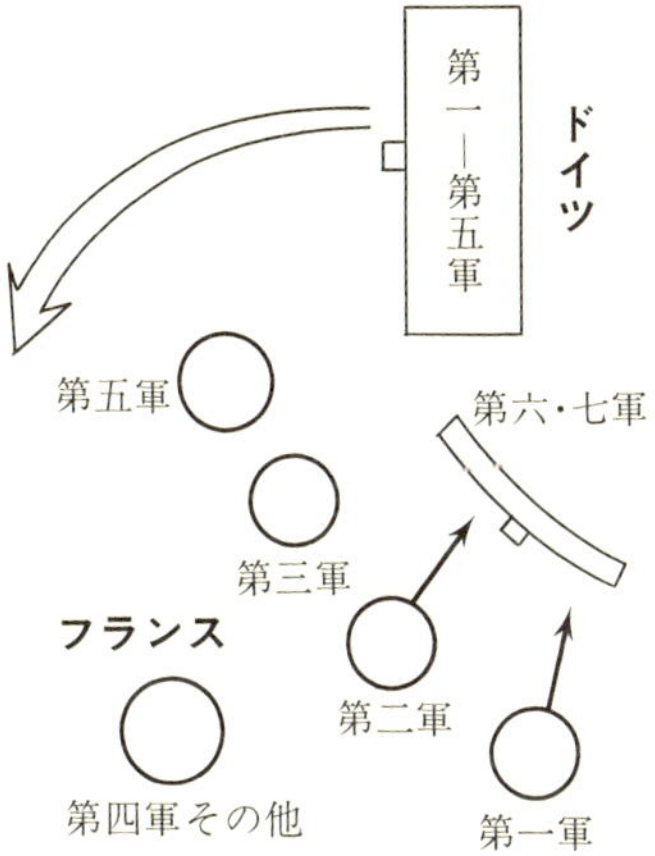

クラウゼウィッツの排撃派に勢いを与えたようで、一九二三年発行カモン将軍の『ナポレオンの戦争方式』には「一八七〇年以後は普軍に倣う風盛んで、先ずホーエンローヘ、ゴルツ、ブルーメー、シェルフ、メッケル等が研究され、次いでその源泉であるクラウゼウィッツに及んだ。一八八三―八四年にはカルドー少佐が陸軍大学でクラウゼウィッツにつき大講演を行なった。……兎に角一八八三年以来、クラウゼウィッツの主義は我が陸軍大学で絶えず普及せられ、ナポレオンの戦闘方式の完全なる理解に大なる障害を為した」と論じ、ジョミニーの為した如くナポレオンの方式を発見するに力を払っている。

ドイツの有名な軍事学者フライタハ・ローリングホーフェンは「仏人の思想は戦争の現象を分析するクラウゼウィッツ観察法よりも、ジョミニーの演繹法、厳密なる形式的方法を絶対的に好んでいる」と評し、ジョミニー流であるワルテンブルグ（『将帥としてのナポレオン』の著者）の研究が独軍に大なる影響を与えなかった事を喜んでいる。フライタハはクラウゼウィッツ研究の大家である。クラウゼウィッツの思想は全独軍を支配している事言を俟《ま》たない。

我ら日本軍人が西洋の軍事学を学ぶについてはよく日本民族の綜合的特性を活用し、高所大所より観察して公正なる判断を下し独自の識見を持たねばならぬ。

第三節　歴史的観察

民族性、将帥の性格が会戦指揮方針に与える作用も前述の如く軽視出来ないが、兵器の進歩に依る当時の武力の性格の影響は更に徹底的であり、大体は時代性に左右せられる。

横隊戦術、殊にその末期軍隊の性質に制せられて兵器の進歩と協調も失うに至った後の横隊戦術は技巧の末節に走り、鈍重にして脆弱であり、特にその暴露した側面は甚だしい弱点を成形していた。横隊戦術は第一線決戦主義が最も合理的である。殊に当時猛訓練と軍事学の研究に依って軍隊の精鋭に満腔の自信を持っていたフリードリヒ大王には世人を驚嘆せしむる戦功を立てしめたのである。

第一線決戦の特徴として兵力の多寡は第二線決戦のように決定的でない。フリードリヒ大王時代は寡兵をもって衆を破る事が特に尊ばれたのである。大王は十三回の会戦中敗北三回で、十回の勝利のうち六回は優勢の敵を破り、一回といえども著しい優勢をもって戦った事はない。有名なロイテンの如きは二倍強、ロスバハは三倍の敵を撃破したのである。

しかしかくの如き大勝も既に研究した如く持久戦争の時代に於ては、ナポレオンの平凡なる勝利の程にも戦争の運命に決定的影響を与え得なかったのである。消耗戦略、機動主義の必然がそこに存在したのである。

フランス革命に依って散兵――縦隊戦術となると、この隊形は傭兵に馴《じゅん》致せられた横隊戦術の矛盾を一擲して強靭性を増し、側面に対する感度を緩和した。会戦は自然に第二線決戦式となったのである。戦場に敵に優る強大な兵力を集結する戦術一般の原則が最も物をいう事となった。ナポレオンは三十回の会戦中二十三回は勝利を占め、うち十三回は著しい優勢をもって戦い、劣勢をもって勝ったのは僅かに三回でしかも大会戦と認むべきはドレスデンのみである。第一線決戦式に比し第二線決戦式は奇効を奏する事が比較的困難であり、ナポレオンの有名な会戦中マレンゴはあやしい勝利であり、特に代表的であるアウステルリッツ（第一線決戦）、イエナでも技術的に見てフリードリヒ大王のロイテン、ロスバハには及ばない。然しナポレオンの勝利はほとんど常に戦争の運命に決定的作用を及ぼしたのである。

モルトケ元帥は幕僚長で将帥ではない。殊にモルトケ時代の普国の戦争には皆卓越せる戦争準備によって敵国を撃破した。当時の会戦は大体第一線兵団を戦場に向う前進に部署するだけで、実行は第一線司令官に委ね、フリードリヒ大王やナポレオンの会戦のように強烈なる最高統帥の指揮を見なかった。

兵器特に撃針銃の採用進歩は散兵の威力を増加して逐次戦闘正面を拡大して再び横広い隊形となった結果、自然会戦指揮は再び第一線決戦主義に傾いて来たが、シュリーフエン全盛時代までは「緒戦、戦闘実行、決戦」と会戦時期を三区分していたように、やはりナポレオン時代の第二線決戦の風も当時残っていたのである。

シュリーフェン時代となると戦闘正面はますます拡大せられ、敵の側背を狙う迂回包囲はますます大胆となるべく唱導鼓吹せられ、第一線決戦主義に徹底して来た。会戦の方針は、既に集中決定の時に確立せられ、敵の側背に向い決戦を強行断行するのである。シュリーフェンの「カンネ」の一節に「翼側に於ける勝利を希うためには最後の予備を中央後でなく、最外翼に保持せねばならぬ。将帥の慧眼が広茫数十里に至る波瀾重畳の戦場に於て決戦地点を看破した後、初めて予備隊を移動するが如き事は不可能である。予備隊は既に会戦のための前進に当り、脚下停車場より、更に適切に云えば鉄道輸送の時から該方面に指向せられねばならぬ」と言っており、この大軍の会戦への前進はモルトケ元帥の如く単に方針のみを与えて第一線司令官の自由に委せるのではなく、全軍あたかも大隊教練のように「眼を右、触接左」に前進すべき事を要求している。丁度フリードリヒ大王の横隊戦術を大規模にした観がある。

第一次欧州大戦初期は前に述べたようにフランス軍の会戦方針はやや第二線決戦的色彩を帯びていたが（勿論徹底せるものではない）、独軍は第一線決戦主義が極めて明確である。シュリーフェン案の如く徹底したものではなかったが、兎に角独軍のベルギー侵入よりマルヌまでの作戦はあたかもロイテン会戦を大々的に拡大した観を呈している。

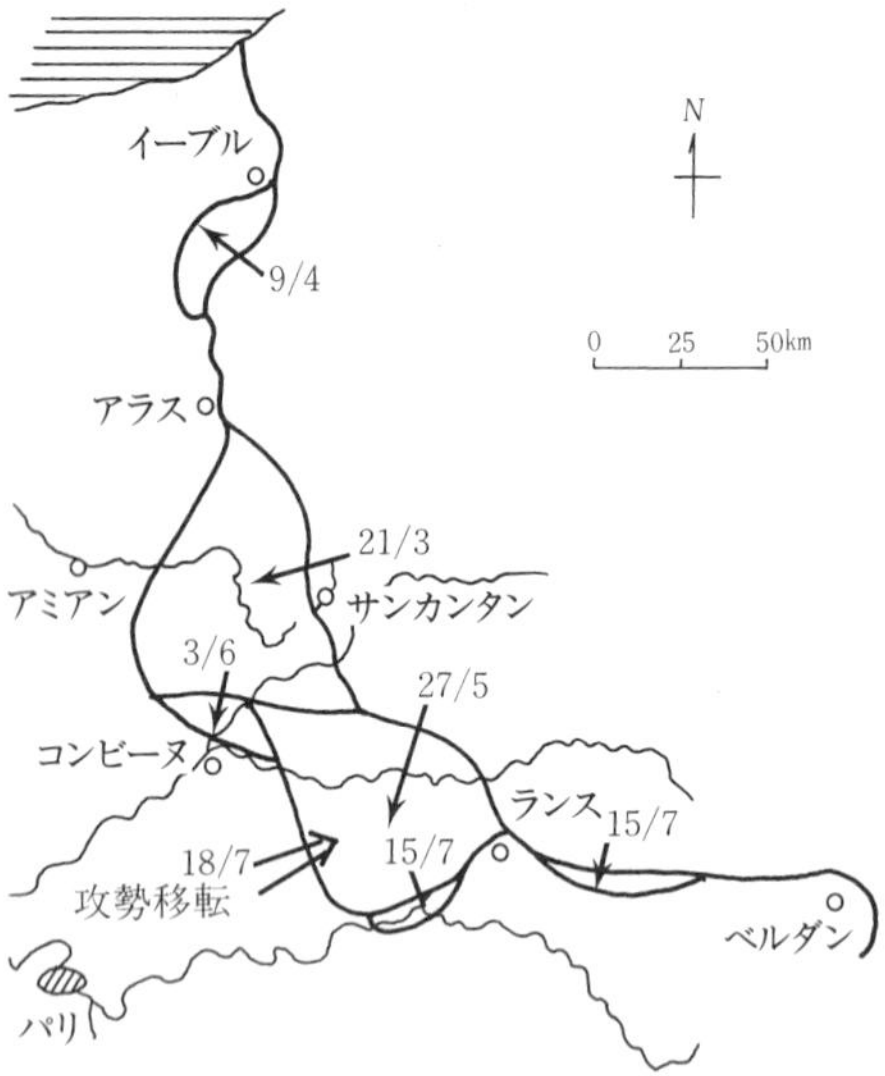

ところが持久戦争に陥り戦線が逐次縦深を増して来るに従い、会戦指揮の方針は自然第二線決戦主義となって来た。局部的戦闘では奇襲に依り第一線決戦的に指導せらるる事もちろんであるが、それだけでは縦深の敵陣地帯を完全に突破する事は至難で、その後絶大なる予備隊の使用に依って会戦の決定を争う事になる。

ドイツが最後の運命を賭した一九一八年の攻撃は五回にわたって行なわれ、第五回目に敵の攻勢移転にあって脆くも失敗、遂に戦争の決を見るに至った。

普通に見れば一回の攻勢が一会戦とも言われるけれども、更に大観すれば三月から八月にわたる全作戦を一大会戦とも見ることが出来る。即ちドイツ軍は多数師団の大予備隊を準備し、数次にわたって敵の戦術的弱点を攻撃してなるべく多くの敵の予備隊を吸収（即ち個々の攻撃は全軍の見地からすれば一戦闘である）し、敵予備隊の消耗を計って敵が予備の貯え無くなった時、自分の方は未だ保存している強大なる予備隊に依って一挙に敵を突破する方式であったと見ることが出来る。独軍最高司令部は必ずしもそう考えていなかったし、各攻勢の間隔大に過ぎ（準備上短縮は不可能であったろう）て、敵に対応の準備を与え、敵も巧みに予備隊を再建し得て、独軍七月十五日の攻勢には既にその勢い衰えつつあったのに乗じ、全軍の指揮を一任せられたフォッシュ将軍の英断と炯眼《けいがん》によって独軍攻勢の側面を衝き、遂に攻守処を異にして連合軍勝利の基を開いたのである。固より独軍の全敗は国内事情によること最も大であるけれども、作戦方面から見れば仏軍があたかも火力をもって敵をいため、敵の勢力を消耗した好機に乗じ攻勢に転ずるいわゆる「火力主義の攻勢防禦」を大規模にした形で最後の勝利を得たのである。

第一線決戦の名手ノリードリヒ大王の傑作ロイテンと第一線決戦の名手ナポレオンの傑作リーニーの両会戦につき簡単に述べて参考としよう。

一、ロイテン会戦

ロスバハに仏軍を大いに破ったフリードリヒ大王は戦捷の余威を駆って一挙に墺軍をシュレージエンより撃攘せんとしブレスラウに向い転進した。十二月五日大王は

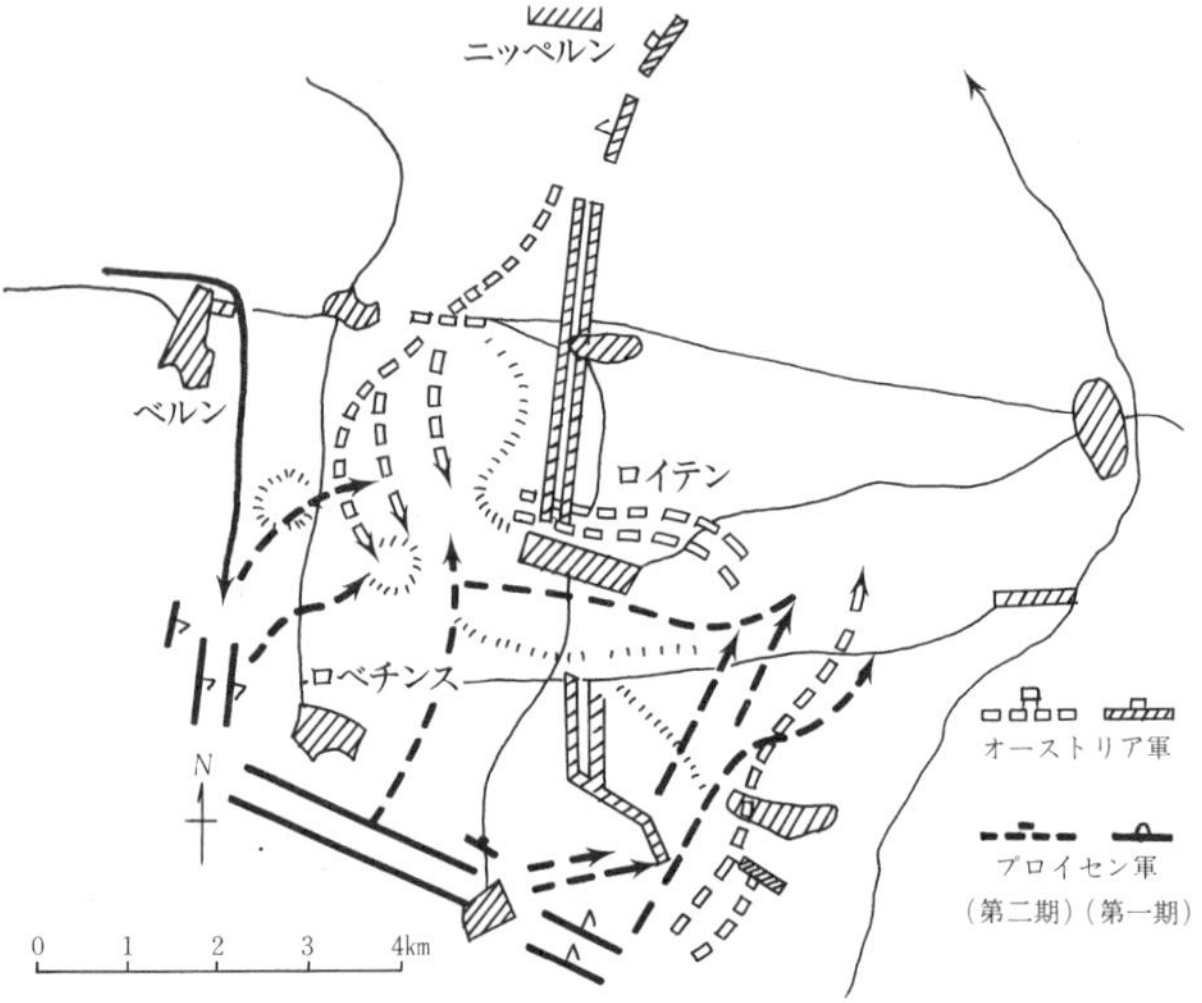

ジュミーデ山よりロイテン附近に陣地を占領せる敵軍を観察し、その左翼を攻撃して一挙に敵を撃破するの決心を固めた。

これがため大王は普軍の先頭がベルン村近くに到着せるとき、これを左へ転廻せしめ巧みに凹地及び小丘阜を利用しつつ我が企図を秘匿してロベチンス村に入り、横隊に展開せしめた。

午後一時大王は梯隊をもって前進すべきを命じた。

墺軍は普軍の斜行前進によりその左翼を急襲せられ、その翼をロイテン東方に下げて普軍に対せんとしたのであるが普軍の猛烈果敢なる攻撃と適切なる砲火の集中により全く対応の処置を失い、たちまちにして潰乱するに到った。

本戦闘は午後　時より四時過ぎまで継続せられたがオーストリア軍の死傷は一万、砲百三十一門、軍旗五十五旒を失い、その捕虜は約一万二千に達した。

本戦闘はフリードリヒ大王が三万五千の寡兵をもって六万四千の墺軍を撃破せる大王会戦中の傑作であって、兵力を一翼に集結し一挙に決戦を強要せる好範例である。

二、リーニー会戦

一八一五年六月十五日オランダ国境を突破せるナポレオンはネー将軍に一部を授けて英軍に対せしめ、主力（七万三千）を率いて、ブリュッヘル軍を攻撃すべくリーニーに向い前進した。

ブリュッヘルは三軍団の兵力（八万一千）をもって、リーニー川の線に陣地を占領し、英将ウエリントンの来援を頼んでナポレオンと決戦せんと企図していた。

ナポレオンはフルイルース附近を前進中詳細なる偵察の後、一部をもって普軍の左翼を牽制抑留し、右翼中央に対し攻撃を加えて普軍の全力を吸収消耗せしめ、その疲労を待って予備隊をもって一挙に止めを刺さんと計画を立てた。

これがため敵の左翼に対してはグローチの騎兵隊をもって牽制せしめ、敵の右翼に対しては第三軍団をもってセント・アルマント村を、中央に対しては第四軍団をも

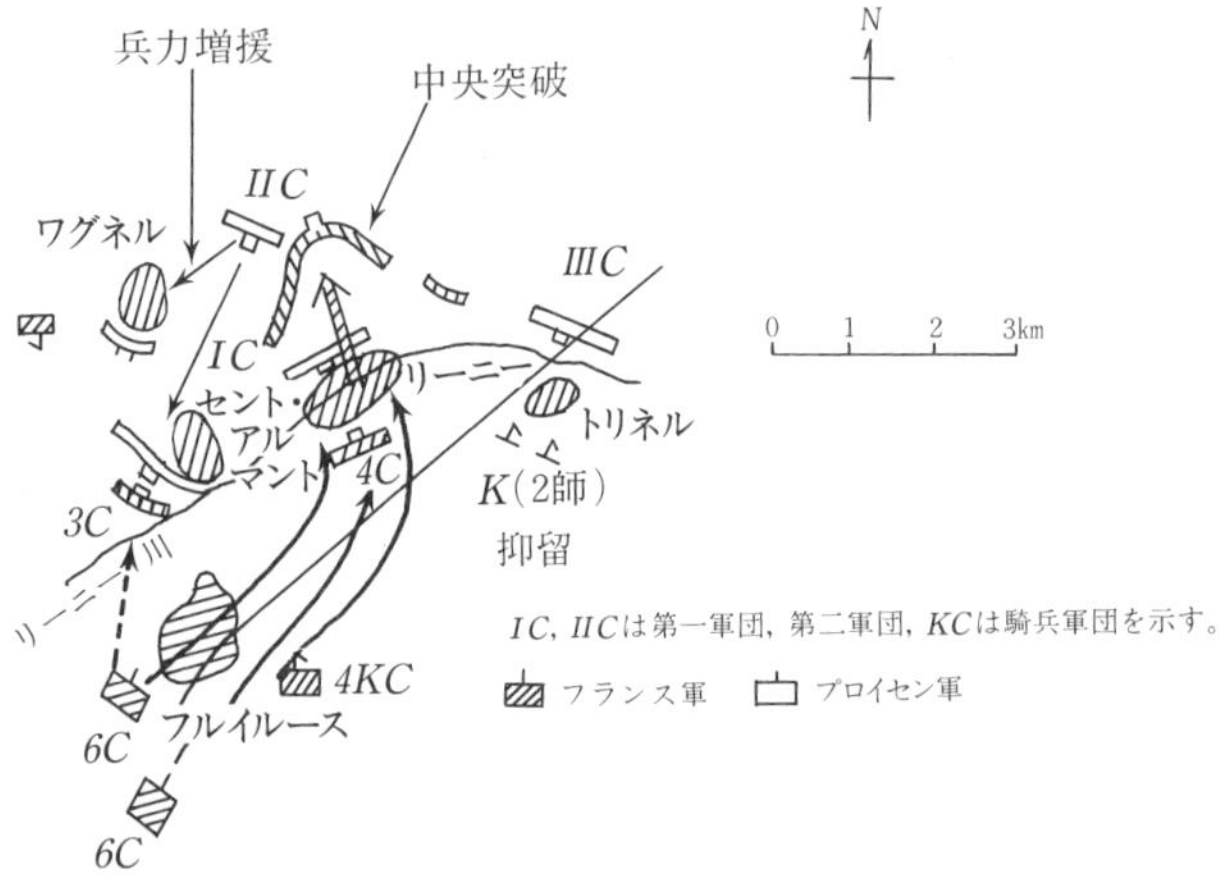

ってリーニー村を攻撃せしめ、予備隊として近衛、第四騎兵軍団並びに後続第六軍団をあてた。

戦闘は午後二時頃より開始せられた。グローチ元帥は巧妙なる指揮によりプロイセン第三軍団をその正面に抑留するに成功したが、我が左翼方面に於ては第三軍団は、セント・アルマント村の争奪を繰り返し、戦況は極めて惨澹たるものがあった。午後五時頃普将ブリュッヘルは待機中の残余部隊をリーニー、セント・アルマント村に進め仏軍の左翼を包囲せんと企図し猛烈なる攻撃を加えてきた。ナポレオンは一部をもって前線を救援せしめたがなお主力は参加せしめず戦機の熟するを待った。

午後七時過ぎ普軍は全くその予備隊を消耗するに至った。あたかもよし、後続第六軍団はこの頃戦場に到着した。ここに於てナポレオンは、砲七十門をもって普軍の中央に対し準備砲撃を加え、近衛の一部、騎兵第四軍団、第六軍団をもってリーニーに向い中央突破を敢行せしめた。普軍は戦力全く消耗して対応の策なく遂に敗退しブリュッヘルは危うく捕虜とならんとして僅かに逃るる事が出来た。

本会戦はナポレオン得意の中央突破戦法であって第二線決戦の好範例である。

第四章　戦闘方法の進歩

第一節　隊　形

古代の戦闘隊形は衝力を利用する密集集団方式であった。中世騎士の時代となって各個戦闘となり、戦術は紊《みだ》れて軍事的にも暗黒時代となった。ルネッサンスは軍事的にも大革命を招来した。火薬の使用は武勇優れた武士も素町人の一撃に打負かさるる事となって歩兵の出現となり、再び戦術の進歩を見るに至ったのである。

火薬の効力は自然に古《いにしえ》の集団を横広の隊形に変化せしめて横隊戦術の発達を見た。横隊戦術の不自然な停頓と、フランス革命による散兵戦術への革新については詳しく述べたから省略する。

一概に散兵戦術と云うも最初は散兵はむしろ補助で縦隊の突撃力が重点であった。それが火薬の進歩とともに散兵に重点が移って行った。それでもなおモルトケ時代は散兵の火力と密集隊の突撃力との併用が大体戦術の方式であった。それが更に進んで「散兵をもって戦闘を開始し散兵をもって突撃する」時代にすすみ、散兵戦術の発展の最後的段階に達したのがシュリーフェン時代から欧州大戦までの歴史である。

第一次欧州大戦で決戦戦争から持久戦争へ変転をしたのであるが、戦術もまた散兵から戦闘群に進歩した。フランス革命当時は、先ず戦術的に横隊戦術から散兵戦術に進歩し、戦争性質変化の動機ともなったのであるが、今度は先ず戦争の性質が変化し、戦術の進歩はむしろそれに遅れて行なわれた。

最初戦線の正面は堅固で突破が出来ず、持久戦争への方向をとるに至ったのであるが、その後砲兵力の集中により案外容易に突破が可能となった。しかし戦前逐次間隔を大きくしていた散兵の間隔は損害を避けるため更に大きくなり、これは見方に依っては第一線を突破せらるる一理由ともなるが、その反面第一線兵力の節約となり、また全体としての国軍兵力の増加は、限定せられた正面に対し使用し得る兵力の増大となり、かくて兵力を数線に配置して敵の突破を防ぐ事となった。いわゆる数線陣地である。

しかし数線陣地の考えは兵力の逐次使用となって各個撃破を受くる事となるから、自然に今日の面の戦法に進展したのである。欧州大戦に於ける詳しい戦術発展の研究をした事がないから断定をはばかるが、私の気持では真に正しく面の戦法を意識的に大成したのは大戦終了後のソ連邦ではないだろうか。

大正三年八月の偕行社《かいこう》記事の附録に「兵力節約案」というものが出ている。曽田中将の執筆でないか、と想像する。それは主として警戒等の目的である。一個小隊ないし一分隊の兵力を距離間隔六百メートルを間して鱗形に配置し、各独立閉鎖堡とする。火力

◎印は独立閉鎖堡

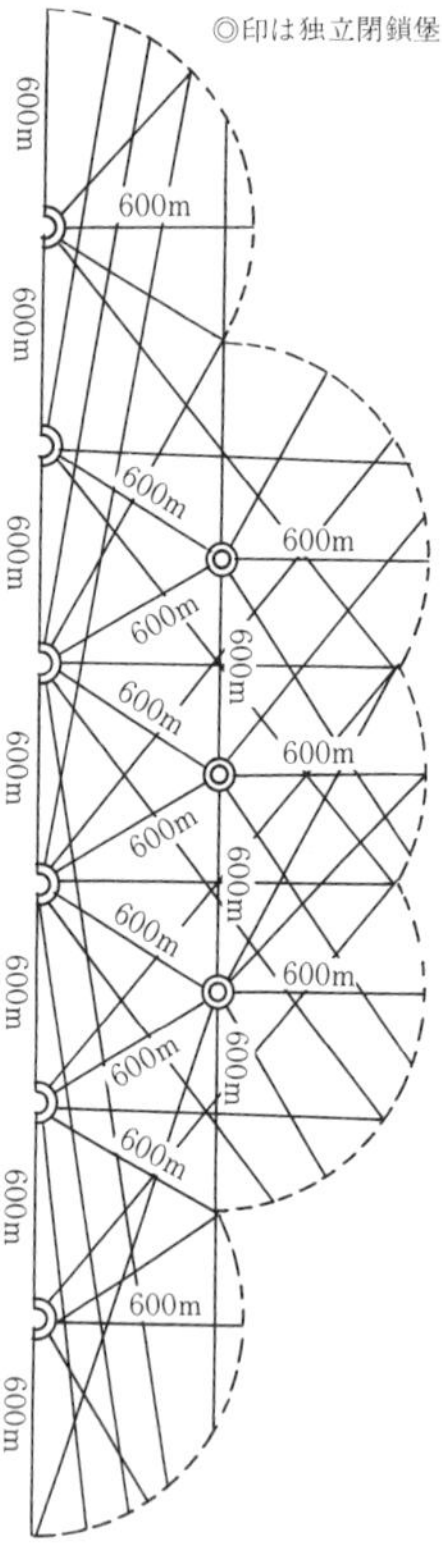

の相互援助協力に依り防禦力を発揮せんとするもので、面の戦法の精神を遺憾なく発揮しているものであり、これが世界に於ける恐らく最初の意見ではないだろうか。果して然りとせば今日までほとんど独創的意見を見ない我が軍事界のため一つの誇りと言うべきである。

古代の密集集団は点と見る事が出来、横隊は実線と見、散兵は点線即ち両戦術は線の戦法であり、今日の戦闘群戦術は面の戦法である。而してこの戦法もまた近く体の戦法に進展するであろう。

否、今日既に体の戦法に移りつつある。第二次欧州大戦でも依然決戦は地上で行なわれ、空中戦はなお補助戦法の域を脱し得ないが、体の戦法への進展過程であることは疑いを容れない。線の戦法の時でも砲兵の採用は既に面の戦法への進展である。総ての革新変化は決して突如起るものではない。もちろんある時は大変化が起り「革命」と称せられるけれども、その時でさえよく観察すれば人の意識しない間に底流は常に大きな動きを為しているのである。

ソ連邦革命は人類歴史上未曽有の事が多い。特にマルクスの理論が百年近くも多数の学者によって研究発展し、その理論は階級闘争として無数の犠牲を払いながら実験せられ、革命の原理、方法間然するところ無きまでに細部の計画成立した後、第一次欧州大戦を利用してツアー帝国を崩壊せしめ、後に天才レーニンを指導者として実演したのである。第一線決戦主義の真に徹底せる模範と言わねばならぬ。

しかし人智は儚《はかな》いものである。あれだけの準備計画があっても、やって見ると容易に思うように行かない。詳しい事は研究した事もないから私には判らないが、列国が放任して置いたらあの革命も不成功に終ったのではなかろうか。少なくもその恐れはあったろうと想像せられる。資本主義諸列強の攻撃がレーニンを救ったとも見る事が出来るのではないか。資本主義国家の圧迫が、レーニンをしていわゆる「国防国家建設」への明確な目標を与え大衆を掌握せしめた。

もちろん「無産者独裁」が大衆を動かし得たる事は勿論であるが、大衆生活の改善は簡単にうまく行かず、大なる危機が幾度か襲来した事と思う。それを乗越え得たのは「祖国の急」に対する大衆の本能的衝動であった。マルクス主義の理論が自由主義の次に来たるべき全体主義の方向に合するものであり、殊に民度の低いロシヤ民族には相当適合している事がソ連革命の一因をなしている事を否定するのではないが、列強の圧迫とあらゆる困難矛盾に対し、臨機応変の処理を断行したレーニン、スターリンの政治的能力が今日のソ連を築き上げた現実の力である。第一線決戦主義で堂々開始せられた革命建設も結局第二線決戦的になったと見るべきである。

ナチス革命は明瞭な第二線決戦主義である。ヒットラーの見当は偉い。しかしヒットラーの直感は革命の根本方向を狙っただけで、詳細な計画があったのではない。大目標を睨みながら大建設を強行して行くところに古き矛盾は解消されつつ進展した。もちろん平時的な変革ではない。たしかにナチス革命であるが大した破壊、犠牲無くして大きな変革が行なわれた。大観すればナチス革命はソ連革命に比し遥かに能率的であったと言える。この点は日本国民は見究めねばならない。

第二次欧州大戦特に仏国の屈伏後はやや空気が変ったが、国民が第一線決戦主義に対する憧憬余りに強くソ連の革命的方式を正しいものと信じ、多くの革新論者はナチス革命は反動と称していたではないか。この気持が今日も依然清算し切れず新体制運動を動《やや》もすれば観念的論議に停頓せしめる原因となっている。日米関係の切迫がなくば新体制の進展は困難かも知れない。

蓋《けだ》し困難が国民を統一する最良の方法である。今日ルーズベルトが全体主義国の西大陸攻撃（とんでもない事だが）を餌として国民を動員せんとしつつあるもその一例。リンドバーグ大佐がドイツより本土攻撃せられる恐れなしと証言せるは余りに当然の事、これが特に重視せらるるは滑稽である。

第二節　指揮単位

「世界最終戦論」には方陣の指揮単位は大隊、横隊は中隊、散兵は小隊、戦闘群は分隊と記してある。理屈はこの通りであり大勢はその線に沿って進歩して来たが、現実の問題としてそう正確には行っていない。

横隊戦術の実際の指揮は恐らく中隊長に重点があったのであろう。横隊では大隊を大隊長の号令で一斉に進退せしむる事はほとんど不可能とも言うべきである。しかし当時の単位は依然として大隊であり、傭兵の性格上極力大隊長の号令下にある動作を要求したのである。

散兵戦の射撃はなかなか喧噪なもので、その指揮すなわち前進や射撃の号令は中隊では先ず不可能と言って良い。特に散兵の間隔が増大し部隊の戦闘正面が拡大するにつれてその傾向はますます甚だしくなる。だから散兵戦術の指揮単位は小隊と云うのは正しい。しかしナポレオン時代は散兵よりも戦闘の決は縦隊突撃にあったのだから、実際には未だ指揮単位は大隊であった。横隊戦術よりも正確に大隊の指揮号令が可能である。

散兵の価値進むに従い戦闘の重点が散兵に移り、密集部隊も戦闘に加入するものは大隊の密集でなく中隊位となった。モルトケの欄（一五頁付表）に、散兵の下に「中隊縦隊」と記し、指揮単位を「中隊」としたのはこの辺の事情をあらわしたのである。

日露戦争当時は既に散兵戦術の最後的段階に入りつつあり、小隊を指揮の単位とした。しかるに戦後の操典には射撃、運動の指揮を中隊長に回収したのであった。その理由は、指揮する事困難であると云うのであった。若し真に日本軍が散兵戦闘を小隊長に委せかねるというならば、日本民族はもう散兵戦術の時代には落伍者であると言う事を示すものといわねばならぬ。もちろんそんな事はないのであるから、この改革は日本人の心配性をあらわす一例と見る事が出来る。

更に正確にいえば、ドイツ模倣の一年志願兵制度が日本社会の実情に合しない結果であったのである。欧州大戦前のドイツで中学校《ギムナジュウム》に入学するものは右翼または有産者即ち支配階級の子供であり、小学校卒業者は中学校に転校の制度はなかったのである。即ち中学校以上の卒業者は自他ともに特権階級としていたので、悪く言えば高慢、良く言えば剛健、自ら指導者たるべき鍛錬に努力するとともに平民出身の一般兵と同列に取扱わるる事を欲しないのである。そこに特権制度として一年志願兵制度が発達し、しかもその価値を発揮したのである。しかるに明治維新以後の日本社会は真に四民平等である。

また近時自由主義思想は高等教育を受けた人々に力強く作用して軍事を軽視する事甚だしかった。かくの如き状態に於て中学校以上を卒業したとて一般の兵は二年または三年在営するに対し、僅か一年の在営期間で指揮官たるべき力量を得ないのは当然である。

本次事変初期に於ても一年志願兵出身の小隊長特に分隊長が指揮掌握に充分なる自信なく、兵の統率にやや欠くる場合ありしを耳にしたのである。これはその人の罪にあらずして制度の罪である。

この経験とドイツ丸呑みよりの覚醒が自然今日の幹部候補生の制度となり、面目を一新したのは喜びに堪えない。

しかし未だ真に徹底したとは称し難い。学校教練終了を幹部候補生資格の条件とするのは主義として賛同出来ぬ。「文事ある者は必ず武備がある」のは特に日本国民たるの義務である。親の脛をかじりつつ、同年輩の青年が既に職業戦線に活躍しある間、学問を為し得る青年は一日緩急ある際一般青年に比し遥かに大なる奉公の実を挙ぐるため武道教練に精進すべきは当然であり、国防国家の今日、旧時代の残滓とも見るべきかくの如き特権は速やかに撤廃すべきである。中等学校以上に入らざる青年にも、青年学校の進歩等に依り優れたる指揮能力を有する者が尠《すくな》くない。また軍隊教育は平等教育を一擲し、各兵の天分を充分に発揮せしめ、特に優秀者の能力を最高度に発展せしむる事が必要であり、これによって多数の指揮官を養成せねばならぬ。在営期間も最も有利に活用すべく、幹部候補生の特別教育は極めて合理的であるが、猥《みだ》りに将校に任命するのは同意し難い。除隊当時の能力に応ずる階級を附与すべきである。

序《ついで》に現役将校の養成制度について一言する。

幼年学校生徒や士官候補生に特別の軍服を着せ、士官候補生を別室に収容して兵と離隔し身の廻りを当番兵に為さしむる等も貴族的教育の模倣の遺風である。速やかに一抛、兵と苦楽をともにせしめねばならぬ。率先垂範の美風は兵と全く同一生活の体験の中から生まれ出るべき筈である。

将校を任命する時に将校団の銓衡会議と言うのがある。あれもドイツの制度の直訳である。ドイツでは昔その歴史に基づき将校団員は将校団で自ら補充したのである。その後時勢の進歩に従い士官候補生を募集試験により採用しなければならないようになったため、動《やや》もすれば将校団員の気に入らない身分の低い者が入隊する恐れがある。それを排斥する自衛的手段として、将校団銓衡会議を採用したものと信ずる。日本では全く空文で唯形式的に行なわるるに過ぎない。

私は更に徹底して幹部を総て兵より採用する制度に至らしめたい。かくして現役、在郷を通じて一貫せる制度となるのである。

世の中が自由主義であった時代、幼年学校は陸軍として最も意味ある制度であったと言える。しかし今日以後全体主義の時代には、国民教育、青年教育総て陸軍の幼年学校教育と軌を同じゅうするに至るべきである。即ち陸軍が幼年学校の必要を感じない時代の一日も速やかに到来する事を祈らねばならぬ。それが国防国家完成の時とも言える。そこで軍人を志すものは総て兵役につく。能力により現役幹部志願者は先ず下士官に任命せられる。これがため必要な学校はもちろん排斥しない。下士官中、将校たるべき者を適時選抜、士官学校に入校せしめて将校を任命する。

今日「面」の戦闘に於ては指揮単位は分隊である。しかしてこの分隊の戦闘に於ては分隊が同時に単一な行動をなすのではない。ある組は射撃を主とし、ある組はむしろ白兵突撃まで無益の損害を避けるため地形を利用して潜入する等の動作を有利とする。操典は既に分隊を二分するを認めており、「組」が単位となる傾向にある。

この趨勢から見て次の「体」の戦法ではいよいよ個人となるものと想像せられる。「体」の戦法とは戦闘法の大飛躍であり、戦闘の中心が地上特に歩兵の戦闘から空中戦への革命であろう。

空中戦としては作戦の目標は当然敵の首都、工業地帯等となる。そして爆撃機が戦闘力の中心となるものと判断せられ、飛行機は大きくなる一方であり、その編隊戦法の進歩と速度の増加により戦闘機の将来を疑問視する傾向が一時相当有力であったのである。しかるに支那事変以来の経験によって戦闘機の価値は依然大なる事が判明した。今日の飛行機は莫大の燃料を要し、その持つ量のため戦闘機の行動半径は大制限を受けるのだが、将来動力の大革命に依り、戦闘機の行動半径も大飛躍し、敵目標に潰滅的打撃を与うるものは爆撃機であるが、空中戦の優劣が戦争の運命を左右し、依然戦闘機が空中戦の花として最も重要な位置を占むるのではないだろうか。

第三節　戦闘指導精神

横隊戦術の指導精神は当時の社会統制の原理であった「専制」である。専制君主の傭兵が横隊戦術に停頓せしめたのである。号令をかける時刀を抜き、敬礼する時刀を前方に投出すのはこの時代の遺風と信ずる。精神上から言ってもまた実戦の必要から言っても、号令をかける場合刀を抜く事は速やかに廃止する事を切望する。猥《みだ》りに刀を抜き敵に狙撃せられた例が少なくない。そうすれば指揮刀なるものは自然必要なくなる。日本軍人が指揮刀を腰にするのはどうも私の気に入らない。今日刀を抜いて指揮するため危険予防上指揮刀を必要とするのである。

フランス革命により本式に採用せらるるに至った散兵戦術の指導精神は、フランス革命以来社会の指導原理となった「自由」である。横隊の窮屈なのに反し、散兵は自由に行動して各兵の最大能力を発揮する。各兵は大体自分に向った敵に対し自由に戦闘するのである。部隊の指揮単位に於てなるべく各隊長の自由を尊重するのである。大隊戦闘の本旨は「大隊の攻撃目標を示し、第一線中隊をして共同動作」せしむるに在った。そ

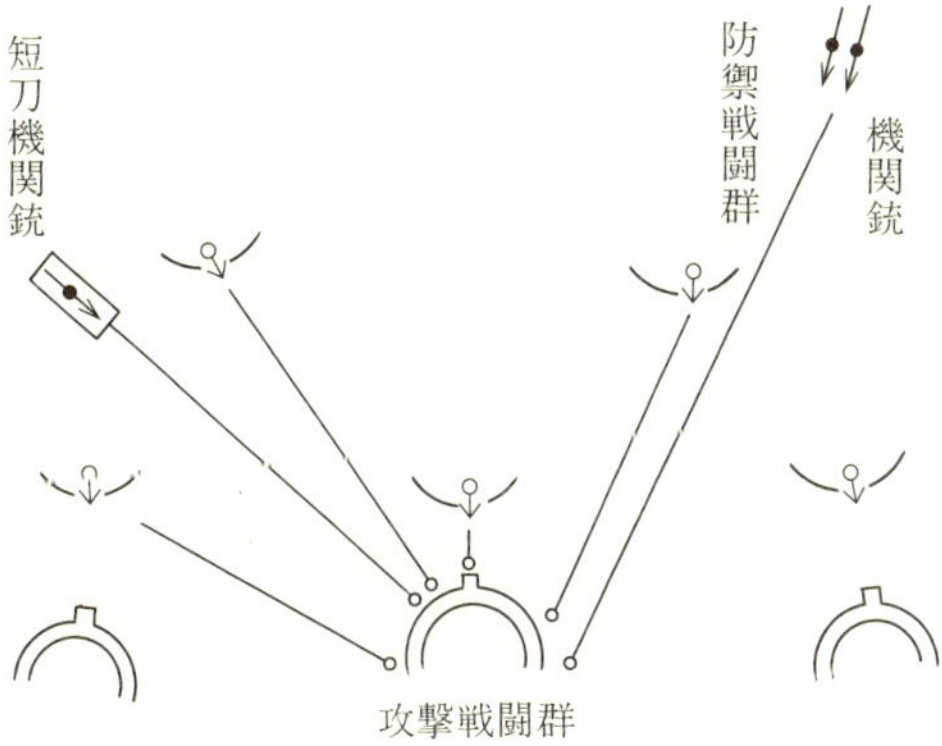

うして大隊長はなるべく干渉を避けるのである。

　戦闘群の戦術となると形勢は更に変化して来た。敵は散兵の如く大体我に向き合ったものが我に対抗するのではない。広く分散している敵は互に相側防し合うように巧みに火網を構成しているから、とんでもない方から射撃せられる。散兵戦術のように大体我に向い合った敵を自由に攻撃さしたなら大変な混乱に陥る恐れがある。

　そこで否が応でも「統制」の必要が生じて来た。即ち指揮官ははっきり自分の意志を決定する。その目的に応じて各隊に明確な任務を与え各隊間共同の基準をも明らかにする。しかも戦況の千変万化に応じ、適時適切にその意図を決定して明確な命令を下さねばならない。自由放任は断じてならぬ。昭和十五年改正前の我が歩兵操典に大隊の指揮に対し、大隊長の指揮につき「大隊戦闘の本旨は諸般の戦況に応じ大隊長の的確かつ軽快なる指揮と各隊の適切なる協同とに依り大隊の戦闘力を遺憾なく統合発揮するにあり」と述べ（第四百八十）更に「……戦況の推移を洞察して適時各隊に新なる任務を附与し……自己の意図の如く積極的に戦闘を指導す」（第五百四）と指示している。

この統制の戦術のためには次の事が必要である。

1、指揮官の優秀、およびそれを補佐する指揮機関の整備。

2、命令、報告、通報を迅速的確にする通信連絡機関。

3、各部隊、各兵の独断能力。

3に示す如く、統制では各隊の独断は自由主義時代より更に必要である。いかに指揮官が優秀でも、千変万化の状況は全く散兵戦術時代とは比較にならぬ結果、いちいち指揮官の指揮を待つ暇なく、また驚くべき有利な機会を捉うる可能性が高い。各兵も散兵に比しては正に数十倍の自由活動の余地があるのである。一兵まで戦術の根本義を解せねばならぬ。今日の訓練は単なる体力気力の鍛錬のみでなく、兵の正しき理解の増進が一大問題である。我らの中少尉時代には戦術は将校の独占であった。第一次欧州大戦後は下士官に戦術の教育を要求せられたが、今日は兵まで戦術を教うべきである。

統制は各兵、各部隊に明確なる任務を与え、かつその自由活動を容易かつ可能ならしむるため無益の混乱を避けるため必要最小限の制限を与うる事である。即ち専制と自由を綜合開顕した高度の指導精神であらねばならぬ。

近時のいわゆる統制は専制への後退ではないか。何か暴力的に画一的に命令する事が統制と心得ている人も少なくないようである。衆が迷っており、かつ事急で理解を与える余裕のない場合は躊躇なく強制的に命令せねばならない。それ以外の場合は指導者は常に衆心の向うところを察し、大勢を達観して方針を確立して大衆に明確な目標を与え、それを理解感激せしめた上に各自の任務を明確にし、その任務達成のためには広汎な自由裁断が許され、感激して自主的に活動せしめねばならない。恐れ戦き、遅疑、躊躇逡巡し、消極的となり感激を失うならば自由主義に劣る結果となる。

社会が全体主義へ革新せらるる秋《とき》、軍隊また大いに反省すべきものがある。軍隊は反自由主義的な存在である。ために自由主義の時代は全く社会と遊離した存在となった。殊に集団生活、社会生活の経験に乏しい日本国民のため、西洋流の兵営生活は驚くべき生活変化である。即ち全く生活様式の変った慣習の裡《うち》に叩き込まれ、兵はその個性を失って軍隊の強烈な統制中の人となったのである。

陸軍の先輩は非常にこの点に頭を悩まし、明治四十一年十二月軍隊内務書改正の折、その綱領に「服従は下級者の忠実なる義務心と崇高なる徳義心により、軍紀の必要を覚知したる観念に基づき、上官の正当なる命令、周到なる監督、およびその感化力と相俟って能《よ》くその目的を達し、衷心より出で形体に現われ、遂に弾丸雨飛の間に於て甘んじて身体を上官に致し、一意その指揮に従うものとす」と示したのである。これ真に達見ではないか。全体主義社会統制の重要道徳たる服従の真義を捉えたのである。しかし軍隊は依然として旧態を脱し切れないで今日に及んでいる。今や社会は超スピードをもって全体主義へ目醒めつつある。青年学校特に青少年義勇軍の生活は軍隊生活に先行せんとしつつある。社会は軍隊と接近しつつある。軍隊はこの時代に於て軍隊生活の意義を正確に把握して「国民生活訓練の道場」たる実を挙げねばならぬ。

殊に隊内に私的制裁の行なわれているのは遺憾に堪えない。しかも単に形式的防圧ではならぬ。時代の精神に目覚め全体主義のために如何に弱者をいたわることの重大なるかを痛感する新鮮なる道義心に依らねばならぬ。東亜連盟結成の根本は民族問題にあり。民族協和は人を尊敬し弱者をいたわる道義心によって成立する。朝鮮、満州国、支那に於ける日本の困難は皆この道義心微《かす》かなる結果である。軍隊が正しき理解の下に私的制裁を消滅せしむる事は日本民族昭和維新の新道徳確立の基礎作業ともなるのである。

第五章　戦争参加兵力の増加と国軍編制（軍制）

第一節　兵　役

火器の使用に依って新しい戦術が生まれて来た文芸復興の時代は小邦連立の状態であ

り、平常から軍隊を養う事は困難で有事の場合兵隊を傭って来る有様であったが、国家の力が増大するにつれ自ら常備の傭兵軍を保有する事となった。その兵数も逐次増加して、傭兵時代の末期フリードリヒ大王は人口四百万に満たないのに十数万の大軍を常備したのである。そのため財政的負担は甚大であった。

フランス革命は更に多くの軍隊を要求し、貧困なるフランスは先ず国民皆兵を断行し、欧州大陸の諸強国は次第にこれに倣う事となった。最初はその人員も多くなかったが、国際情勢の緊迫、軍事の進歩に依って兵力が増加せられ、第一次欧州大戦で既に全健康男子が兵役に服する有様となった。

第二次欧州大戦では大陸軍国ソ連が局外に立ち、フランスまた昔日の面目がなくなり、かつ陸上作戦は第一次欧州大戦のように大規模でなかったため第一次欧州大戦だけの大軍は戦っていないが、必要に応じ全健康男子銃を執る準備も列強には常に出来ている。

日本は極東の一角に位置を占め、対抗すべき陸軍武力は一本のシベリヤ鉄道により長距離を輸送されるソ連軍に過ぎないために服役を免れる男子が多かった。ソ連極東兵備の大増強、支那事変の進展により、徴集兵数は急速に大増加を来たし、国民皆兵の実を挙げつつある。兵役法はこれに従って相当根本的な改革が行なわれたが、しかも更に徹底的に根本改正を要するものと信ずる。

国家総動員は国民の力を最も合理的に綜合的に運用する事が第一の着眼である。教育の根本的革新に依り国民の能力を最高度に発揮し得るようにするとともに、国民はある期間国家に奉仕する制度を確立する。即ち公役に服せしむるのである。兵役は公役中の最高度のものである。

公役兵役につかしむるについては、今日の徴兵検査では到底国民の能力を最も合理的に活用する事が出来ない。教育制度と検査制度を統一的に合理化し、知能、体力、特長等を綜合的に調査し、各人の能力を充分に発揮し得るごとく奉仕の方向を決定する。

戦時に於ける動員は所要兵力を基礎として、ある年齢の男子を総て召集する。その年齢内で従軍しない者は総て国家の必要なる仕事に従事せしめる。自由企業等はその年齢外の人々で総て負担し得るように適切綿密なる計画を立てて置かねばならない。

空軍の発達に依り都市の爆撃が行なわるる事となって損害を受くるのは軍人のみでなくなった。全健康男子総て従軍する事となった今日は既成の観念よりせば国民皆兵制度の徹底であるが、既に世は次の時代である。全国民戦火の渦中に入る端緒に入ったのである。

次に来たるべき決戦戦争では作戦目標は軍隊でなく国民となり、敵国の中心即ち首都や大都市、大工業地帯が選ばるる事が既に今次英独戦争で明らかとなっている。

すなわち国民皆兵の真の徹底である。老若男女のみならず、山川草木、豚も鶏も総て遠慮なく戦火の洗礼を受けるのである。全国民がこの惨禍に対し毅然として堪え忍ぶ鉄石の精神を必要とする。

空中戦を主体とするこの戦争では、地上戦争のように敵を攻撃する軍隊に多くの兵力が必要なくなるであろう。地上作戦の場合は無数の兵員を得るため国民皆兵で誰でも引張り出したのであるが、今後の戦争では特にこれに適した少数の人々が義勇兵として採用せらるるようになるのではなかろうか。イタリアの黒シャツ隊とかヒットラーの突撃隊等はその傾向を示したものと言える。

義勇兵と言うのは今日まで用いられていた傭兵の別名ではない。国民が総て統制的に訓練せられ、全部公役に服し、更に奉公の精神に満ち、真に水も洩らさぬ挙国一体の有様となった時武力戦に任ずる軍人は自他共に許す真の適任者であり、義務と言う消極的な考えから義勇と言う更に積極的であり自発的である高度のものとなるべきである。

第二節　国軍の編制

フリードリヒ大王時代は兵力が相当多くても実際作戦に従事するものは案外少なくなり、その作戦は「会戦序列」に依り編成された。それが主将の下に統一して運動し戦闘するのであたかも今日の師団のような有様であった。

ナポレオン時代は既に軍隊の単位は師団に編制せられていた。次いで軍団が生まれ、それを軍に編制した。

ナポレオンが最大の兵力（約四十五万）を動かした一八一二年ロシヤ遠征の際の作戦は、なるべく国境近く決戦を強行して不毛の地に侵入する不利を避くる事に根本着眼が置かれた。これは一八〇六—〇七年のポーランドおよび東普作戦の苦い経験に基づくものであり、当時として及ぶ限りの周到なる準備が為された。

一部をワルソー方向に進めてロシヤの垂涎《すいぜん》の地である同地方に露軍を牽制し、東普に集めた主力軍をもってこの敵の側背を衝き、一挙に敵全軍を覆滅して和平を強制する方針であった。主力軍は二個の集団に開進した。ナポレオンは最左翼の大集団を直接掌握し、同時に全軍の指揮官であった。

今日の常識よりせばナポレオンは三軍に編制して自らこれを統一指揮するのが当然で

ある。当時の通信連絡方法ではその三軍の統一運用は至難であったろう。けれどもナポレオンといえども当時の慣習からそう一挙に蝉脱《せんだつ》出来なかった事も考えられる。何れにせよ事実上三軍にわけながら、その統一運用に不充分であった事がナポレオンが国境地方に於て若干の好機を失った一因となっており、統一運用のためには国軍の編制が合理的でなかったという事は言えるわけである。

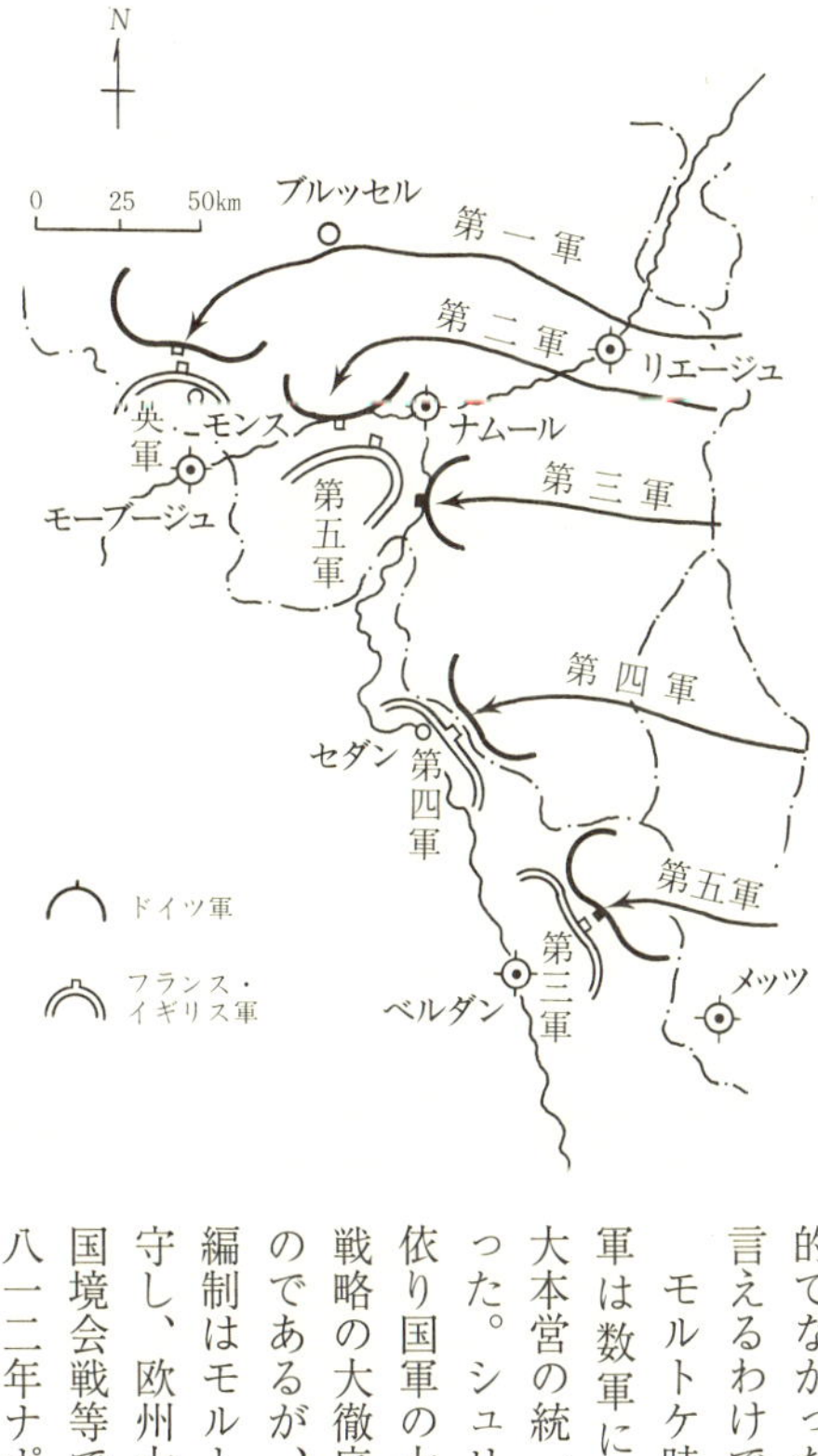

モルトケ時代は既に国軍は数軍に編制せられ、大本営の統一指揮下にあった。シュリーフェンに依り国軍の大増加と殲滅戦略の大徹底を来たしたのであるが、依然国軍の編制はモルトケ時代を墨守し、欧州大戦勃発初期、国境会戦等であたかも一八一二年ナポレオンの犯

したと同じ不利を嘗めたのは興味深い事である。

独第五軍は旋回軸となりベルダンに向い、第四軍はこれに連繋して仏第四軍を衝き、独主力軍の運動翼として第一ないし第三軍が仏第五軍及び英軍を包囲撃滅すべき態勢となった。

第一ないし第三軍を一指揮官により統一運用したならばあるいは国境会戦に更に徹底せる勝利となり、仏第五軍、少なくも英軍を捕捉し得たかも知れぬ。そう成ったならマルヌ会戦のため更に有利の形勢で戦わるる事であったろう。しかるに独大本営は自らこの戦場に進出し直接三軍を指揮統一することもなさず、第二軍司令官をして臨時三個軍を指揮せしめた。しかるに第二軍司令官ビューローは古参者であり皇帝の信任も篤い紳士的将軍であったが機略を欠き、活気ある第一軍との意見合致せず、いたずらに安全第一主義のために三軍を近く接近して作戦せんとし、遂に好機を失し敵を逸したのである。

ナポレオンの一八一二年の軍編制や運営につき深刻な研究をしていた独軍参謀本部は、一九一四年同じ失敗をしたのである。一八一二年はナポレオンとしては三軍の編成、その統一司令部の設置はかなり無理と言えるが、一九一四年は正しく右翼三軍の統一司令部を置くべきであり、万一置いてない時は大本営自ら第一線に進出、最も大切の時期にこの三軍を直接統一指揮すべきであった。

戦争の進むにつれて必要に迫られて方面軍の編成となったが、若しドイツが会戦前第一ないし第三軍を一方面軍に編成してあったならば、戦争の運命にも相当の影響を及ぼし得た事であったろう。現状に捉われず、将来を予見した識見はなかなか得られない事を示すとともに、その尊重すべきを深刻に教えるものと言うべきである。

第六章　将来戦争の予想

第一節　次の決戦戦争は世界最終戦争

かつて中央幼年学校で解析幾何の初歩を学んだ。数学の嫌いな私にもこれは大変面白く勉強出来た。掛江教官が「二元の世界すなわち平面に住む生物には線を一本書けばその行動を掣肘し得らるるわけだが、三元の世界即ち体に住む我らには線は障害とならないが、面で密封したものの中に入れられる時は全く監禁せられる。しかし四元の世界に住むものには我々の牢屋のようなものでは如何ともなし得ない」等という語を非常に面白く聴いたものである。

鎌倉に水泳演習の折、宿は光明寺で我々は本堂に起居していた。十六羅漢の後に五、六歳の少女が独りで寝泊りしていたが、この少女なかなか利発もので生徒を驚かしていた。ある夜の事豪傑連中（もちろん私は参加していない）が消灯後海岸に散歩に出かけ遅く帰って廊下にあった残飯を食べていた。ところが突如音がして光り物が本堂に入って来た。さすがの豪傑連中度胆を抜かれてひれ伏してしまった。この時豪傑中の豪傑、今度の事変で名誉の戦死を遂げた石川登君が恐る恐る頭を上げて見ると女が本堂の奥に進んで行く。石川君の言によると「柱でも蚊帳でも総てすうと通り抜けて行く」のであった。奥に寝ていた少女が泣出す。誰かが行って尋ねて見ると「知らない小母さんが来て抱くから嫌だ……」とて、それからはどうしても一人で本堂に寝ようとはしなかった。この少女は両親を知らず、ただ母は浅草附近にいるとの事であったが、我らは恐らくその母親が死んだのだろうと話しあったのであった。

石川君の実感を詳しく聴くと、掛江教官の四元に住むものとして幽霊の事が何だかよく当てはまるような気がする。宗教の霊界物語は同じ事であろう。

しかし我ら普通の人間には体以上のものは想像も出来ない。体の戦法は人間戦闘の窮極である。今日の戦法は依然面の戦法と見るべきだが、既に体の戦法に移りつつある。

指揮単位は分隊から組に進んでいる。次は個人となるであろう。

軍人以外は非戦闘員であると言う昨日までの常識は、都市爆撃により完全に打破されつつある。第一次欧州大戦で全健康男子が軍に従う事となったのであるが、今や全国民が戦争の渦中に投入せらるる事となる。

第二次欧州大戦では独仏両強国の間にさえ決戦戦争となったが、これは前述せる如く両国戦争力の甚だしい相違からきたので、今日の状態でも依然持久戦争となる公算が多い。即ち一国の全健康男子を動員すればその国境の全正面を防禦し得べく、敵の迂回を避ける事が出来る。火砲、戦車、飛行機の綜合威力をもっても、良く装備せられ、決心して戦う敵の正面は突破至難である。

次の決戦戦争はどうしても真に空中戦が主体となり、一挙に敵国の中心に致命的打撃を与え得る事となって初めて実現するであろう。

体の戦法、全国民が戦火に投入と言う事から見ても次の決戦戦争は正しく空中戦である。しかして体以上の事は我らに不可解であり、単位が個人で全国民参加と云えば国民の全力傾注に徹底する事となる。即ち次の決戦戦争は戦争形態発達の極限に達するのであり、これは戦争の終末を意味している。

次の決戦戦争は世界最終戦争であり、真の世界戦争である。過去の欧州大戦を世界大戦と呼ぶのは適当でない。西洋人の独断を無意識にまねている人々は戦争の大勢、世界歴史の大勢をわきまえぬのである。

第二節　歴史の大勢

戦争の終結と云う事は国家対立の解消、即ち世界統一を意味している。最終戦争は世界統一の序曲に他ならない。

第一次欧州大戦を契機として軍事上の進歩は驚嘆すべき有様であり、特にドイツおよびソ連の全体主義的国防建設が列強のいわゆる国防国家体制への急進展となりつつある。全体主義は国力の超高速度増強を目標とするのであり、「自由」から「統制」への躍進である。

全国力を徹底的に発揮するため極度の緊張が要求せられる。全体主義はあたかも運動選手の合宿鍛錬主義の如きものであり、決勝戦の直前に於て活用せらるべき方式である。一地方に根拠を有する戦力が抵抗を打破し得る範囲により自然に政治的統一を招来する。これがため武力の進歩が群小国家を整理して大国家への発展となった。欧州大戦後、軍事および一般文明の大飛躍は国家の併合を待つの余裕をあたえず、しかも力の急速なる拡大を生存の根本条件とする結果、国家主義の時代から国家連合の時代への進展を見、今日世界は大体四個の大集団となりつつある事は世人の常識となった。

昭和十六年一月十四日閣議決定の発表に「肇国《ちょうこく》の精神に反し、皇国の主権を晦冥《かいめい》ならしむる虞《おそれ》あるが如き国家連合理論等は之を許さず」との文句がある。興亜院当局はこれに対し、国家連合理論を否定するものでなく、肇国の精神に反し皇国の主権を晦冥ならしむる虞あるものを許さぬ意味であると釈明したとの事である。若し国家連合の理論を否定する事があるならばそれはあまりにも人類歴史の大勢に逆行するものであり、皇国は世界の落伍者たる事を免れ難き事明瞭である。興亜院当局の言は当然しかあるべきである。然し閣議決定発表の文がかくの如き重大誤解を起す恐れ大なるは遺憾に堪えない。

人類文化の目標である八紘一宇の御理想に基づき、政治的には全世界が天皇を中心とする一国家となる事は疑いを許さぬ。しかしそれに到達するには不断の生々発展がある。国家連合の時代に入りつつある世界は、第二次欧州戦争に依りその速度を増して間もなく明確に数個の集団となるであろう。その集団はなるべく強く統制せらるるものが、良くその力を発揮し得るのだから統制の強化を要望せらるる反面、民族感情や国家間の利害等によりその強化を阻止する作用も依然なかなか強い。結局各集団の状況に応じ落着くべきに落着き、しかも絶えずその統制強化に向って進むものと考えられる。合理的に無理なくその強化が進展し得るものが優者たる資格を得る事となるであろう。

右の如く発展をしながら各集団の間に集散離合が行なわれてその数を減じ、恐らく二個の勢力に分れ、その間の決戦戦争によって世界統一の第一段階に入るものと想像せられる。二個勢力に結成せらるるまでが人類歴史の現段階であり、戦争より見れば第一次欧州戦争以来の持久戦争時代がそれである。持久戦争と言うても局部的には決戦戦争が行なわれて集団結成を促進するのであるが、武力の活動範囲に未だ制限多く自然に数集団となるわけである。今日はこの意味に於て人類の準決勝時代と言うべく、この時代の末期である世界が二個の勢力に結成せられる時、次の決戦戦争の時代に入り最終戦争が行なわれる事となる。

ラテン・アメリカの諸国は人種的にも経済的にも概して合衆国よりも欧州大陸と親善の気持を持っているにも拘らず、第一次欧州大戦以後は急速に米州連合体の成立に向いつつある事は即ち歴史の必然性である。ドイツは天才ヒットラーにより戦争の中に於て着々欧州連盟の結成に努力し、恩威併行の適切なる方策により輝かしき成果を挙げている。ソ連は最もよく結合の実を挙げ、今日は名は連邦であるが既に大国家とも見る事が出来る。日本はその実力によって欧米覇道主義の侵略を排除しつつ、一個の集団へ結成せんとしつつあるが、我が東亜は今日最も不完全な状態にある。しかし遠からず支那事変を解決し、必ずや急速に東亜の大同を実現するであろう。現下の事変はその陣痛である。

これらの未完成の四集団は既にいわゆる民主主義陣営と枢軸陣営の二大分野に分れ、ソ連は巧みにその中間を動いて漁夫の利を占めんとしつつあるが、果してしからばその将来は如何に成り行くであろうか。

今日民主主義、全体主義の二大陣営と言うも必ずしもそれは主義によるのではない。現に民主主義という英、米は全体主義の中国を味方に編入し、殊に全体主義の最先鋒ソ連に秋波を送りつつある。主義よりもむしろ利害関係ないし地理的関係が主である。しかし文明の進展するところ、結局は矢張り主義が中心となって世界が二分するであろうと想像する。

この見地から究極に於て、王覇両文明の争いとなるものと信ずる。我ら東洋人は科学文明に遅れ、西洋人に比し誠に生温い生活をして来た。しかし反面常に天意に恭順ならんとする生活を続けたのである。東洋人は太古の宗教的生活を捨て去っていない。西洋は力を尚ぶが、我らの守る処は道である。政治上に於て我らは徳治を理想とするに対し彼らは法治を重視する。道と力は人生に於ける二大要素であり、これを重んじないものはない。問題はその程位如何にある。何れが主で何れが従であるかに在る。この差は今日の日本人には大したものでないと思わるるかも知れない。しかしこれが大きな問題である。今日の日本人は西洋文明を学び、大体覇道主義となっている。あるいは西洋人以上の覇道主義者である。見給え、平気で「油が入用だから蘭印をとる」と高言しているではないか。西洋人でも今少しは歯に衣《きぬ》をかけた言い方をするであろう。日本人は一時心も形も全部西洋風となったのであった。近時所謂日本主義が横行して形は日本に還ったが、しかし彼らの大部の心は依然西洋覇道主義者である。八紘一宇と言いながら弱者から権利を強奪せんとし、自ら強権的に指導者と言い張る。この覇道主義が如何に東亜の安定を妨げているかを静かに観察せねばならない。

クリスティーの『奉天三十年』には日清戦争当時のことについて「若し総ての日本人が軍隊当局者のようであったなら、人々は彼らの去るのを惜しんだであろう。しかし他の部類のものもあった。軍隊の後から人夫、運搬夫等に、そして雑多なる最下級の群が来て、それらは支那人から恐怖の混じた軽蔑をもって見られた。……彼らは兵士の如く厳格なる規律の下に置かれなかった」と述べてある。軍隊は兵卒に至るまで道義的であったらしい。しかるに日露戦争については「この前の戦争の時に於ける日本軍の正義と仁慈が謳歌され、総ての放埒は忘れられていた。戦争者が満州の農民と永久的友誼を結ぶべき一大機会は今であった。度々戦乱に悩まされたこれらの農民達は日本人を兄弟並みに救い主として熱心に歓迎したのである。かくしてこの国土の永久的領有の道は拓けたであろう。而して多くの者がそれを望んだのであった。しかるに日本人の指導者と高官の目指した処は何であるにもせよ、普通の日本兵士並びに満州に来た一般人民はこの地位を認識する能力が無かった。……かくして一般の人心に、日本人に対する不幸なる嫌悪、彼らの動機に対する猜疑《さいぎ》、彼らと事を共にするを好まぬ傾向が増え、かつ燃えた。これらの感情はこれを根絶する事が困難である」と記している。

日露戦争では既に兵士のあるものは非道義的に傾いた。今次事変は如何であろうか。悪いのは一般日本人と兵士だけに止まるであろうか。北支の老人は「北清事変当時の日本軍と今日の日本軍は余りに変った」と嘆いているそうである。若し我が軍が少なくとも北清事変当時だけの道義を守っていたならば、今日既に蒋介石は我が戦力に屈伏していたではないだろうか。蒋介石抵抗の根柢は、一部日本人の非道義に依り支那大衆の敵懍心を煽った点にある。「派遣軍将兵に告ぐ」「戦陣訓」の重大意義もここにありと信ずる。

北清事変当時の皇軍が如何に道義を守ったかに関して北京の東亜新報の二月六、七、八日の両三日の紙上に「柴大人の善政、北城に残る語り草」と題し、今なお床しき物語が掲載されている。それを参考までに大略申述べるとこんな事である。

（一）、「千仏寺胡同、この北京の北城の辺こそ、我ら日本人が誇りとしてよい地区なのである。

光緒二十六年、つまり明治三十三年の七月二十一日は各国連合軍が北京入城の日であった。日本軍は朝陽門より守備兵の抵抗を排除して先ず入城、順天府署に警務所を設け、当時公使館附武官であった柴五郎大佐が警務長官となった。

柴大佐は後の柴大将であるが、大将の恩威並び行なう善政は全く北京人をして感涙にむせばせたものであった。

柴長官は先ず安民公署という分署を東西北八胡同と西四牌楼北報子胡同の二個所に設け、布告を発して曰く、

『軍人の住民の宅に入りて捜査するを許さず、若し違反する者あらば住民はその面貌等を記して告発す可し』

と。そして清刑部郎中・端華如等をしてその事務を処理させた。

当時の北京は各国軍がそれぞれ駐屯区域を定めていたのだが、日本軍駐屯の北城地域が最も平和で住民が安居し、ロシヤ、フランス、イギリス等の駐屯区域では兵隊が乱暴するので縊死するもの、井戸に投じ、焼死するものが続出し、そうした区域からの避難民は争って日本軍駐屯の北城区域へ避難して来た。こうした避難民のため、その当時寂びれていた鼓楼大街の如きは忽ち繁華の街となった程である。

善政というものは比較されて見た時にはっきりとその真価が分る。北清事変で各国の軍隊が各警備の縄張りをきめたこの時ほど西欧の軍隊の野獣的なる行為に比べ皇軍の仁愛あふるる軍規と施設の真価が発揮せられた事はあるまい。

この時の日本軍敬慕の北京人の感情は、その後の日露戦争に於て清国をして親日一色ならしめた有力な原動力たり得たのである。……」

(二)、「ここは鼓楼東大街の北である。そして日本軍の善政ゆえに更生した街である。橋川時雄氏の調査によると、当時の柴大人《ツァイターレン》の仁政として今も古老の感謝しているところは、大人が警務長官となるや各米倉を開いてその蓄米を廉売し、いわゆる〝糧荒〟の虞《おそれ》なからしめた事であるそうである。その他に現存している古老が口伝している柴大将についての挿話には次のような話がある。

【古老の話　その一】

その頃柴五郎というお方は日本人ではない。満州旗籍の出身だが日本に帰化したのだ。

つまり柴大人がこのような仁政を施すのは故郷へ帰ってきて故郷を愛するためだという噂が専らでした。この話は当時その恩に感じた住民達が半分想像まじりで話した噂だろうが、本当の事として宣伝されたわけである。

【古老の話　その二】

柴大人が職を去って日本へ帰る日はいやはや大変な事でした。柴公館には、その日朝暗いうちから人がわんさと押しかけて皆餞別の贈り物をしました。その多くは貧民や苦力どもで、皆手に手に乾鶏等を贈ってその行を惜しんだのです。あの時の有様は今でもありありとこの眼に浮かんで来ます。

【古老の話　その三】

柴大人の威勢というものはその頃は大したもので、流行歌にまで歌われたものです。つい二十年位までは、この北城一帯では子供らがあんまり悪戯をすると母親達は〝柴《ツァイ》大人来了《ターレンライラ》〟（そんなおいたをすると柴大人が来ますよ）と言ってなだめていた程です。

この三つの口伝は橋川氏の集めたものであるが、またもって日本軍人柴大人の威徳を偲ぶに充分なるものがあるではないか」

（三）、「宝鈔胡同の柴大人の民心把握の偉大な事蹟をたずねた方がこの際特に意味深いであろう。

満州人敦厚の〝都門紀変三十首絶句〟というのは多分拳匪の乱を謳ったものらしいが、

その中の第七首〝粛府〟にこういうのがあるそうだ。

　桐葉分封二百余、　蒼々陰護九松居、
　無端被燬渾間事、　同病応憐道士徐。

この詩にいう道士徐というのは東海に行った徐福が戦乱に苦しんでいる民衆を慰めているというわけで、柴大人の仁政を謳ったものであると解釈されている。この詩の中には〝安民処処巧安排、告示輝煌総姓柴〟と云って、柴長官の告示によって人民が安心した事も詠《よ》まれている。〝拳匪紀略〟には、

『日本軍が北城を占領したので、市民は初めて外国兵が北京に入城した事を知ったのは二十三日である。それに便乗して土匪が数百家を荒し尽したが北城は何の事もなかった。ここは日本兵が占領していたからで、北城の人民達は皆日本兵の庇護を受けた』

とあり、また〝驢背集〟という詩集には、

『日本軍の入城に依って宮城が守られ、逃げる隙なく宮中に残った数千人のものは日本軍に依って食を与えられた。宮中には光緒帝も西太后も西巡していて恵妃（同治帝の妃）のみが国璽を守っていたが、柴大人に使を派して謝意を述べ、大人の指示によって宮中の善後措置を講じた』

という意味の談がある。

誠に当時の日本軍隊の恩威並び行なわれた事蹟は、四十年後の今なお古老の口から聴

く事が出来、残る文書に読む事が出来る。英、仏の乱暴の跡といみじくも正邪のよい対照をなして居るではないか」……

以上は東亜新報掲載記事である。

明治維新以後薩長が維新の功に驕っていわゆる藩閥横暴となった事が政党政治招来の大原因となり、政党ひとたび力を得るやたちまちその横暴となって間もなく国民の信を失った。今日軍は政治の推進力と称せられている。自粛しなければ国民の怨府となるであろう。日本歴史を見れば日本民族は必ずしも常に道義的でなかった事が明らかである。国体が不明徴となった時代の日本人は西洋人にも優る覇道の実行者ともなった。戦国時代の外交は今日のソ連外交にも劣らざる権謀、謀略の歴史であるとも言える。しかし我が国体の命ずる道は道義治国であり、八紘一宇に依る御理想は道義による世界統一である。

アメリカの米州統制もドイツの欧州連盟もソ連の統一も総ては力中心の覇道主義である。悲しい哉、我が日本に於ても東亜の大同につき力の信者、即ち覇道主義が目下圧倒的である。東亜連盟論に対する反対はその現われである。しかし東亜連盟論の急速なる進展は国民が急速に皇道に目を醒しつつある証左である。

力をもってする方法は端的であり、即効的である。しかし力は力に敗れる。結局道をもっての結合がむしろ力以上の力である。議論はいらぬ。天皇の思し召しがそれである。

我らは東方道義をもって東亜大同の根柢とせねばならぬ。幾多のいまわしい歴史的事実があるにせよ、王道は東亜諸民族数千年来の共同の憧憬であった。我らは、大御心を奉じ、大御心を信仰して東亜の大同を完成し、西洋覇道主義に対抗してこれを屈伏、八紘一宇を実現せねばならない。

結局世界最終戦争が王、覇両文明の決勝戦であり、東亜と西洋の決勝戦である。この見地から最終戦争の中心は太平洋であろうと信ずるものである。

もちろん我らは道義を中心とするが、しかも力を軽視するものではない。西洋人も道義を軽視しないが、覇道主義者が道を真に信奉する事は至難であるのに、我らが力を獲得するのは決して困難でない。一方東方道義に速やかに目を醒ますとともに一方西洋科学文明を急速に摂取、最終戦争に必勝の体制を整えねばならぬ。

日本に於てさえ道義より力、物を中心としていた時代が多い。覇道は動物的本能であり、王道への欲求、憧憬が人間の万物の霊長たる所以である。今後も人類は本能の暴露を繰返すであろう。しかし大道は人類の王道への躍進である。王道に対する安心定まった時、人類は心から、天皇の御存在に心からの感謝を覚え、不退の信仰に入り、真の平和が来るであろう。而して日本民族の正しき行ない、強き実行力が人類の道義に対する安心を定めしめるのである。

第三節　将来戦争に対する準備

科学文明の急速なる進歩が最近世界を狭くし、遠からず全世界は王道、覇道両文明の二集団に分るる事となるべく、その日は既に目前に迫りつつある。

その二集団が世界統一のための最終戦争を行なうためには、これに適した決戦兵器が必要である。静かに大勢を達観すれば、世界二分と決戦兵器の出現は歩調を一にして進んでいる。それは当然である。この二つの間には文化的に最も密接な関係があるのである。即ち、兵器の発達は自然に人類の政治的集団の範囲を拡大し、世界二分の政治的状態成立の時は既に両集団に決戦を可能ならしむる兵器の発明せらるる時である。

この最終戦争に対する準備のため、

1、世界最優秀決戦兵器の創造

2、防空対策の徹底

この二点が最も肝要である。この徹底せる決戦戦争に於ては武力戦が瞬間的に万事を決定するであろう。

今日ドイツが大体制空権を得ているようにみえるが、しかし依然多数の船舶は英国の港に出入している。飛行機による船舶の破壊は潜水艦のそれに及ばぬらしい。あの英仏海峡の制海権もなかなかドイツに入り難い様子である。これ飛行機の滞空時間が長くない事が第一の原因である。またロンドンを日夜爆撃してもなかなかロンドン市民の抵抗意志を屈伏せしむる事が出来ない。今日の爆弾では威力が足りぬのである。

僅かに英仏海峡を挟んでの決戦戦争すらほとんど不可能の有様で、太平洋を挟んでの決戦戦争はまるで夢のようであるが、既に驚くべき科学の発明が芽を出しつつあるではないか。原子核破壊による驚異すべきエネルギーの発生が、巧みに人間により活用せらるるようになったならどうであろうか。これにより航空機は長時間すばらしい速度をもって飛ぶ事が出来、世界は全く狭くなる事が出来るであろう。またそのエネルギーを用うる破壊力は瞬間に戦争の決を与える力ともなるであろう。怪力光線であるとか何とか、どんな物が飛び出して来るか知れない。何れにせよ世界二分となった頃には、必ず今日の想像し得ない決戦兵器が出て来る事、断じて疑いを容れない。

今日は主として量の時代である。しかし明日は主として質の時代となる。新しき革命的最終戦用決戦兵器を敵に先んじて準備する事が最終戦勝利者たるべき第一条件である。科学文明に遅れて来た東亜が僅かの年月の間に西洋覇道主義者を追越すため、この予想せらるる革命的兵器出現の可能性が我らに一道の光明を与えるのである。国策最重点の一つはこの科学的発明とその大成に指向せられねばならぬ。これがためには発明の奨励と大研究機関の設備を必要とする。

発明奨励は断じて官僚的方法では目的を達し難い。若し真に優れた天才的直感力を有する人があり、国家がその人物を中核として、その人物に万事を一任して発明の奨励を行ない得るならば国家的事業とするも可なりである。しかしそれはほとんど不可能に近い。それで私は資産家特に成金の活用を提唱する。国家は先ず国防献金等を停止する。自由主義時代に於て軍費の不足を補うため国防献金を奨励した事は止むを得ない。また自発的の国防献金は国防思想の徹底向上に効果ある事は否定しない。しかし今日は国防の如き最高国家事業は総て税金に依って為すべきである。今日は既に軍費が問題でなく国家の生産能力が事を決定する。国防献金ももはや問題とならない（但し恤兵《じゅっぺい》事業等は郷党の心からなる寄附金による事が望ましい）。

資産家特に成金を寄附金の強制から解放し、彼らの全力を発明家の発見と幇助《ほうじょ》に尽さしめる。国家の機関は発明の価値を判断して発明者には奨励金を与え、その援助者には勲章、位階、授爵等の恩賞をもって表彰する。一体統制主義の今日、国家の恩賞を主として官吏方面に偏重するのは良くない。恩賞は今日の国家の実情に合する如く根本的に改革せねばならぬ。信賞必罰は興隆国家の特徴である。

発明は単に日本国内、東亜の範囲に限る事なくなるべく全世界に天才を求めねばならぬ。

しかし科学の発達著しい今日、単に発明の奨励だけでは不充分である。国家は全力を尽して世界無比の大規模研究機関を設立し、綜合力を発揮すべきである。発明家の天才と成金の援助で物になったものは適時これをこの研究機関に移して（発明家をそのまま使用するか否かは全くその事情に依る）、多数学者の綜合的力により速やかにこれを大成する。

研究機関、大学、大工場の関連は特に力を用いねばならない。今日の如くこれらがばらばらに勝手に造られているのは科学の後進国日本では特に戒心すべきである。

全国民の念力と天才の尊重（今日は天才的人物は官僚の権威に押され、つむじを曲げ、天才は葬られつつある）、研究機関の組織化により速やかに世界第一の新兵器、新機械等々を生み出さねばならない。

次は防空対策である。何れにせよ最終戦争は空中戦を中心として一挙に敵国の中心を襲うのであるから、すばらしい破壊兵器を整備するとともに防空については充分なる対策が必要である。

恐るべき破壊力に対し完全な防空は恐らく不可能であろう。各国は逐次主要部分を地下深く隠匿する等の方法を講ずるのであろうが、恐らく攻撃威力の増加に追いつかぬであろう。また消極的防衛手段が度を過ぎれば、積極的生産力、国力の増進を阻害する。防空対策についても真に達人の達観が切要である。

私は最終戦争は今後概ね三十年内外に起るであろうと主張して来た。この事はもちろん一つの空想に過ぎない。しかし戦争変化の速度より推論して全く拠り処無いとは言えぬ。そこで私は「世界最終戦論」に於て、二十年を目標として防空の根本対策を強行すべしと唱道した。

必要最小限の部門はあらゆる努力を払って完全防空をする。どれだけをその範囲とするかが重大問題である。見透しが必要である。

その他はなるべく分散配置をとる。そこで「最終戦論」で提案したのは、

第一に官憲の大縮小である。統制国家に於てはもちろん官の強力を必要とする。しかし強力は必ずしも範囲の拡大でない。必要欠くべからざる事を確実迅速に決定して、各機関をして喜び進んで実行せしむる事が肝要である。今日の如くあらゆる場面を総て官憲の力で統制しようとするのは統制の本則に合しないのみならず、我が国民性に適合しない。民度の低いロシヤ人に適する方法は必ずしも我が国民には適当でない。この見地から今日の官憲は大縮小の可能なるを信ずる。官憲の拡大が人口集中の一因である。

第二は教育制度の根本革新である。日本の明治以後の急発展は教育の振興にあったが、今日社会不安、社会固定の最も有力な原因は自由主義教育のためである。教育は子弟の能力によらず父兄の財力に応じて行なわれる。その教育は実生活と遊離して空論の人を造り、その人は柔弱で鍛錬されておらない。勇気がない。勤労を欲しない。しかもこの教育せらるる者の数は国家の必要との調和は全く考えられていない。非常時に於て知識群の失業が多いのは自然である。あらゆる方面から見て合宿主義時代に全国民が綜合能

力を最高度に発揮せしむる主旨に合しない。中等学校以上は全廃、今日の青少年義勇軍に準ずる訓練を全国民に加え、そのうち、適性のものに高度な教育を施し、合理的に国民の職業を分配すべく、教育と実務の間に完全なる調和を必要とする。そうすれば自然都市の教育設備は国民学校を除き全部これを外に移転し得る。都市人口の大縮小を来たすであろう。

第三には工業の地方分散である。特に重要なる軍事工業は適当に全国に分散する。徹底せる国土計画の下にその分配を定める。大河内正敏氏の農村工業はこの方式に徹底すれば日本工業のためすばらしい意義を持ち、同時に農村の改新に大光明を与える。取敢えず今日より建設する工業には国家が計画的に統制を加うべきである。

以上の方法をもってして都市人口の大縮小を行ない、しかも必要なる政治中心、経済中心は徹底せる防空都市に根本改革を断行する。各地方は一旦事ある時、独立して国民の生活を指導し得る如く必要の処置を講ぜねばならない。

右の如く大事業を強行するだけでも自然に昭和維新は進展するであろう。本来大革新は境遇の必要に迫られて自然に行なわれる。軍事革命が当時の軍人の自覚なく行なわれたと同一である。そこには自然に大犠牲が払われた。しかるにソ連革命は全く古来の歴史と異なってマルクス以来約百年の研究立案の計画により断行せられた。全人類今日なおこれに魅力を感じている。殊に戦乱の中心から離れていた日本にはそれが甚だしい。

自称日本主義者すら心の中にマルクス流のこの理論計画先行の方式にほとんど絶対的の魅力を感じているらしい。

ヒットラーのナチス革命は右両者の中庸である。その天才的直感力に依りて大体の大方針を確立し、その目的達成のために現実の逼迫を巧みに利用して勇猛果敢に建設事業に邁進する。方法は自然にその中に発見せられ、勇敢に訂正、改善して行く。その後を学者連中が理論を立てて行くのである。

何ら組織的準備のない日本の昭和維新は断じてマルクス流に依るべきでない。否やりたくとも計画がない。否でも応でもヒットラー流の実行先行の方式に依らなければならない。それには万人を納得せしむる建設の目標が最も大切である。今日、日米戦争の危機が国民に防空の絶対必要を痛感せしめた。

右のような一年前に空想に過ぎなかった大計画も、今日は国民に尤《もっと》もと思わしむるに足る昭和維新原動力の有力な一つとなった。

第七章　現在に於ける我が国防

第一節　現時の国策

速やかに東亜諸国家大同の実を挙げ、その力を綜合的に運用して世界最終戦争に対する準備を整うるのが現在の国策であらねばならぬ。明治維新の廃藩置県に当るべき政治目標は「東亜の大同」である。

「東亜大同」はなるべく広い範囲が、なるべく強く協同し、成し得れば一体化せらるる事が最も希望せらるるのであるが、それはそう簡単には参らない。範囲は大アジアと書いても一つの空想、希望に過ぎない。我が（我が国および友邦）実力が欧米覇道主義の暴力を制圧し得る範囲に求めねばならぬ。東亜連盟の現実性はそこにある。爾後東亜諸民族により時代精神が充分理解せられ、かつ我が実力の増加に依り範囲は拡大せらるるのである。協同の方式も最初は極めて緩やかなものから逐次強化せられる。即ち国家主義全盛時代にも言われた善隣とか友邦とかから東亜連盟となり、次いで東亜連邦となり、遂には全く一体化して東亜大国家とまで進展する事が予想せられる。

近頃、東亜連盟は超国家的思想である。各国家の上に統制機関を設け、その権力をもって連盟各国家を統制指揮するは怪しからぬ等との議論もあるようである。かくの如きは全く時代の大勢を知らない旧式の思想である。一国だけで世界の大勢に伍して進み得る時代は過ぎ去った。如何にして多くの国家、多くの民族を統制してその実力を発揮するかが問題である。それゆえ統制はなるべく強化せられねばならぬ。

日満両国間はその歴史的関係によって相当強度の統制が行なわれている。見方によっては両国は連盟の域を脱して、既に連邦的存在、ある点では大国家的存在とも言える。しかし日華両国は現に東亜未曾有の大戦争を交えている。幸い近く平和が成立したところで急速に心からの協同は至難である。無理は禁物である。理解の進むに従って統制を強めて行かねばならない。最初は善隣友好の範囲を遠く出づる事は適当であるまい。覇道主義者は力をもって先ず条約的に権益ないし両国の権利義務を決定しようとするに反し、我らの王道主義者は先ず心からの理解を第一とせねばならない。法的問題は理解の後に続行すべきである。そこで「東亜連盟」論では、今日はほとんど統制機関を設けようとしていないのである。

しかしそれは決して理想的状態でない。理解の進むに従い適切に敏活なる協同に要する統制機関を設置すべきである。

「最終戦論」には「天皇が東亜諸民族から盟主と仰がるる日、即ち東亜連盟が真に完成した日であります」と述べている。その頃になれば連盟の統制機関も相当に準備せられているであろう。元来東亜連盟の完成した日は、即ち連邦となる日と言うべきである。あるいは物判りの良い東亜諸民族が、真に王道に依って結ばれ、王道の道統的血統的護持者であらせらるる天皇に対し奉る信仰に到達したならば、連邦等は飛越えて大国家に一挙飛躍するのではないだろうか。そんな風になれば今日までの科学文明の立ち遅れ等は容易に償い得るであろう。

満州建国間もなく、民族協和徹底のためには東亜新秩序成立の必要が痛感せられ、東亜連邦、東亜連盟が唱道せられたが、日満間は兎に角、日華間には連邦への飛躍は到底期待し難いので東亜連盟論が自然に採用せられ、昭和八年三月九日協和会の声明となった。私は昭和七年八月満州国を去りこの協和会の声明は知らないでいたが、昭和八年六月某参謀本部部員から「石原は海軍論者なりという上官多し、意見を書いてくれ」と要求せられた。当時私は対米戦争計画の必要を唱えていたからであろう。それで筆を執った「軍事上より見たる皇国の国策並国防計画要綱」なる私見には、

一、皇国とアングロサクソンとの決勝戦は世界文明統一のため、人類最後最大の戦争にしてその時期は必ずしも遠き将来にあらず。
二、右戦争の準備として目下の国策は先ず東亜連盟を完成するに在り。
三、東亜連盟の範囲は軍事経済両方面よりの研究に依り決定するを要す。人口問題等の解決はこれを南洋特に濠州に求むるを要するも、現今の急務は先ず東亜連盟の核

心たる日満支三国協同の実を挙ぐるに在り。と言うている。この文は印刷せられ次長以下各部長等に呈上せられた筈である。恐らく上官が東亜連盟の文字を見られた最初であろう。

協和会の公式声明を知らなかった私はその後の満州国、北支の状況上、東亜連盟を公然強調する勇気を失っていたが、昭和十三年夏病気のため辞表を提出した際、上官から辞表は大臣に取次ぐから休暇をとって帰国するよう命ぜられたので軽率な私は予備役編入と信じ、九月一日大洗海岸で暴風雨を聴きながら「昭和維新方略」なる短文を草し、満州建国以来同志の主張に基づき東亜連盟の結成を昭和維新の中核問題としたのである。しかるに同年九月十五日の満州国承認記念日に、陸相板垣中将がその講演に東亜連盟の名称を用いられた。更に次いで発表せられたいわゆる近衛声明は東亜連盟の思想と内容相通ずるものがある。実は私は板垣中将が関東軍参謀長時代から東亜連盟は断念しているだろうと独断していたのであったから、これには相当驚かされたのであった。爾後板垣中将は宮崎正義氏の「東亜連盟論」や、杉浦晴男氏の「東亜連盟建設綱領」に題字を贈り、かつ近衛声明は東亜連盟の線に沿うたのである事を発表せられた。

昭和十五年天長の佳辰に発せられた総軍司令部の「派遣軍将兵に告ぐ」には、事変の解決のため満州建国の精神を想起せしめ、道義東亜連盟の結成に在る事を強調せられた。これに誘致せられて中国各地に東亜連盟運動起り、十一月二十四日南京に於ける東亜連盟中国同志会の結成となり、昭和十六年二月一日東亜連盟中国総会の発会式となった。

日本に於ては昭和十四年秋東亜連盟協会なるもの成立、機関紙「東亜連盟」を発行、翌十五年春から運動が開始せられた。在来の東亜問題に関する諸団体は大体活発に活動を見ないのにこの協会だけは急速な進展を見、中国東亜連盟運動発展の一動機となったのである。東亜連盟の内容については日華両国の間に未だ完全な一致を見ていないようである。日本が国防の共同というのに中国は軍事同盟、経済一体化に対して経済提携と言うているし、日本が国防の共同、経済の一体化を特に重視しているのに中国は政治独立に特別な関心が見える。しかしこれらは両国の事情上当然の事と言うべきである。将来は逐次具体的に強調して来るであろう。兎に角東亜連盟の両国運動者には既に同志的気持が成立している事は民国革命初期以来数十年ぶりの現象である。感慨深からざるを得ない。東亜連盟運動が正しく強く生長、東亜大同の堅確なる第一歩に入る事を祈念して止まない。

第二節　我が国防

現時の国策即ち昭和維新の中核問題である東亜連盟の結成には、根本に於て東亜諸民族特に我が皇道即ち王道、東方道義に立返る事が最大の問題である。国家主義の時代から国家連合の時代を迎えた今日、民族問題は世界の大問題であり、日本民族も明治以来朝鮮、台湾、満州国に於て他民族との協同に於て殆んど例外なく失敗して来たった事を深く考え、皇道に基づき正しき道義観を確立せねばならぬ。満州建国の民族協和はこの問題の解決点を示したのである。満州国内に於ける民族協和運動は今日まで遺憾ながらまだ成功してはいない。明治以来の日本人の惰性の然らしむるところ、一度は陥るべきものであろう。しかし一面建国の精神は一部人士により堅持せられ、かつ実践せられつつあるが故に、一度最大方針が国民に理解せられたならばたちまち数十年の弊風を一掃して、東亜諸民族と心からなる協同の大道に驀進するに至るべきを信ずる。

この新時代の道義観の下に、世界最終戦争を目標とする東亜大同の諸政策が立案実行せられる。しかしそれがためには我が東亜の地域に加わるべき欧米覇道主義者の暴力を排除し得る事が絶対条件である。即ち東亜（我が）国防全からずして、東亜連盟の結成は一つの夢にすぎない。

東亜連盟の結成が我が国防の目的であり、同時に諸政策は最も困難なる国防を全からしむる点に集中せらるる事とならねばならぬ。国策と国防はかくて全く渾然一体となるのである。いわゆる国防国家とはこの意味に外ならない。

東亜連盟の結成を妨げる外力は、

1　ソ連の陸上武力。

2　米の海軍力、これには英、ソの海軍が共同すると考えねばならぬ。

であるからこれに対し、

1　ソ連が極東に使用し得る兵力に相当するものを備え、かつ少なくもソ連のバイカル以東に位置するものと同等の兵力を満州、朝鮮に位置せしむ。

2　西太平洋に出現し得べき米、英、ソの海軍力に対し、少なくも同等の海軍力を保持せねばならぬ。

陸軍当局の言うところによれば極東ソ軍は三十個師団以上に達し、約三千台の戦車及び飛行機を持っている。それに対する我が在満兵力は甚だしい劣勢ではあるまいか。この不安定が対ソ外交の困難となり、また一面今次事変の有力な動機となった。而して日ソ両国極東兵備の差は僅々数年の間にこんな状態となったのである。全体主義的ソ連の建設と自由主義的日本の建設の能力の差を良く示している。ナチス政権確立以来数年の間に独仏間の軍備の間に生じた差と全く同一種類のものである。我らは一日も速やかに飛躍的兵備増強を断行せねばならぬ。アメリカ最近の海軍大拡張はどうであるか。海相は数は恐るるに足らぬ。独自の兵備によってこれに対抗し、断じて心配ないと言うているし、また一部南進論者は三年後には米国の製艦により彼我海軍力に大きな差を生ずるから今のうちに開戦すべしと論じている。しかし更に根本的の問題は、我らは万難を排してソ連の極東軍備およびアメリカの海軍拡張に対抗せねばならないことになる。ソ連が極東に三十師団を持って来れば我が軍も北満に三十師団を位置せしむべく、ソ連戦車三千台なら我も三千台、また米国が六万屯の戦艦を造るなら我もまたこれと同等の建艦を断行すべきである。

そんな事は無理だと言うであろう。その通り我が国の製鉄能力は今日ソ連の数分の一、米国に比しては更に著しく劣っているのは明らかである。しかし造るべきものは造らねばならぬ。断々乎として造らねばならぬ。この一歩をも譲ることを得ざる国防上の要求が我が経済建設の指標であり昭和維新の原動力である。この気力無き国民は須からく八紘一宇を口にすべからず。

三年後には日米海軍の差が甚だしくなるから、今のうちに米国をやっつけると言う者があるが、米国は充分な力がないのにおめおめ我が海軍と決戦を交うると考うるのか。また戦争が三年以内に終ると信ずるのか。日米開戦となったならば極めて長期の戦争を予期せねばならぬ。米国は更に建艦速度を増し、所望の実力が出来上るまでは決戦を避けるであろう。自分に都合よいように理屈をつける事は危険千万である。

我が財政の責任者は今次事変の直前まで、年額二、三十億の軍費さえ我が国の堪え難き所と信じていた。然るに事変四年の経験はどうであるか。

日本が真に八紘一宇の大理想を達成すべき使命を持っているならばソ連の陸軍、米の海軍に対抗する武力を建設し得る力量がある事は天意である。これを疑うの余地がない。国防当局は断固として国家に要求すべし。この迫力が昭和維新を進展せしむる原動力となる。しかしてかくの如き厖大な兵器の生産は宜しく政治家、経済人に一任すべく、軍部は直接これに干与することは却って迫力を失う事となる。国防国家とは軍は軍事上の要求を国家に明示するが、同時に作戦以外の事に心を労する必要なき状態であらねばならぬ。全国民がその職分に応じ、国防のため全力を尽す如き組織であらねばならぬ。

以上陸、海の武力に対する要求の外更に、

3　速やかに世界第一の精鋭なる空軍を建設せねばならない。

これは一面、将来の最終戦争に対する準備のため最も大切であるのみならず、現在の国防上からも極めて切要である。

ソ連が東亜に侵攻するためにはシベリヤ鉄道の長大な輸送を必要とするし、また米国渡洋作戦の困難性は大である。即ち極東ソ領や、ヒリッピン等はソ、米のため軍事上の弱点を形成し彼らの頭痛の種となるのであるが、その反面、ソ、米は我が国の中心を空襲し我が近海の交通を妨害するに便である。それに対し我が国は有利なる敵の政治、経済的空襲目標もなく、敵国に対し、死命を制する圧迫を加える事はほとんど不可能に近い。即ち彼らは片手を以て我らと持久戦争を交え得るのに対し、我らは常に全力を傾注せねばならぬ事となる。持久戦争に非常な緊張を要する所以である。

この見地から空軍の大発達により我が軍も容易にニューヨーク、モスクワを空襲し得るに至るまで、即ちその位の距離は殆んど問題でならなくなるまで、極言すれば最終戦争まではなるべく戦争を回避し得たならば甚だ結構であるのであるが、そうも行かないから空軍だけは常に世界最優秀を目標として持久戦争時代に於ける我らの国防的地位の不利な面を補わねばならない。

ドイツ空軍は第二次欧州大戦の花形である。時に海上に出て、時に陸上部隊に、水も洩らさぬ緊密な協同作戦をする。真に羨ましい極みである。我が国の国防的状態はドイツと同一ではなく、ただちにドイツの如くなり得ない点はあるであろうが、極力合理的に空軍の建設を目標として着々事を進むると同時に、航空が陸海軍に分属している間も一層密接なる陸海空軍の協同が要望せられる。この頃そのために各種の努力が払われているらしく誠に慶賀の至りに堪えない。器材方面では既に密接な協力が行なわれているであろうし、また運用についても不断の研究によって長短相補う如くせねばならぬ。例えば、東ソ連の航空基地は満州国境から何れも（西方は別として）余り遠くなく、しかも極東には有利なる空爆目標に乏しいのであるから、対ソ陸軍航空部隊は軽快で特に速度の大なるものが有利と考えられる。海軍は常に長距離に行動せねばならない。かくの如き特徴は互に尊重せらるべきだと信ずる。海軍機が支那奥地の爆撃に成功したとて、陸軍機がただちにこれに競争する必要はない。陸海軍の真の航空全兵力を戦争の状態に応じ一分の隙もなく統一的に運用し、陸海軍に分属していても空軍の占める利益をも充分発揮し得る如く全部の努力が払われねばならない。恐らく今日はそうなっている事と信ずる。

防空に関し最終戦争のために二十年を目標として根本的対策を強行すべき事を主張したが、今日はそれに関せず応急的手段を速やかに実行せねばならぬ。

第一の問題は火災対策である。木材耐火の研究に最大の力を払い、どしどし実行すべきである。現に各種の方法が発見せられつつあるではないか。消防につけても更に画期的進歩が必要である。

またどうも高射砲等の防空兵器が不充分ではないか。これには高射砲等の製作の会社を造り急速に生産能力を高めねばならぬ。総て兵器工業は民間事業を特に活用するを要するものと信ずる。各種会社、工場等は自ら高射砲を備えしめては如何。そうして応召の予定外の人にて取扱い者を定めて練習せしめ、時に競技会でも行なえばただちに上達する事請合いである。弾丸だけは官憲で掌握しておれば心配はあるまい。有事の場合必要に応じてその配置の統制も出来る。航空部隊を除く防空はなるべく民間の仕事とした方が良いのではあるまいか。

しかし防空全般に関しては今日以上の統制が必要である。防空総司令官を任命（成し得れば宮殿下）し、これに防空に任ずる陸海軍部隊および地方官憲、民間団体等を総て統一指揮せしめる。

持久戦争であるから上述の軍需品の他、連盟の諸国家国民の生活安定の物資もともに東亜連盟の範囲内で自給自足し得る事が肝要である。即ち経済建設の目標は軍需、民需を通じて、統一的に計画せられねばならない事は言うまでもない。

アメリカでさえ総ての物資は自給自足をなし得ないのである。最小限度の物資獲得の名に於て我らの力の現状を無視していたずらに外国との紛争を招く事は充分警戒を要する。戦争は最大の浪費である。戦争とともに長期建設と言うも、言うは易く実行は至難である。

ドイツの今日あるはあの貧弱なる国土、恵まれざる資源に在ったとも言える。即ち彼封鎖状態が彼らの科学を進歩せしめた。資源もちろん重要であるが、今日の文明は既に大抵の物は科学の力により生産し得るに至りつつある。資源以上に重要なるものは人の力であり、科学の力である。日、満両国だけでも資源はすばらしく豊富にある。殊にその地理的配置が宜しい。我らが科学の力を十二分に活用し、全国力を綜合的に運用し得たならば、必ずや近き将来断じて覇道主義に劣らざる力を獲得し得るであろう。

鉄資源としては日本は砂鉄は世界無比豊富であり、満州国の鉄はその埋蔵量莫大である。精錬法も熔鉱炉を要しない高周波や上島式の如き世界独特の方法が続々発明せられている。石炭は無尽蔵であり、液化の方法についても福島県下に於て実験中の田崎式は必ず大成功をする事と信ずる。その他幾多の方法が発明の途上にあるであろう。熱河から陝西、四川にわたる地区は世界的油脈であると推定している有力者もあると聞く。断固試掘すべきである。

その他必要な資材は何れも必ず生産し得られる。機械工業についても断じて悲観は無用である。天才人を発見し、天才人を充分に活動せしむべきである。

国家が生産目標を秘密にするのは一考を要する。ソ連さえ発表して来た。国民の統制完全であり、戦争目的第一であるドイツは機密としたが、日本の現状はむしろ勇敢に必要の数を公表し、国民に如何に厖大な生産を要望せらるるかを明らかにすべきであると信ずる。国民の緊張、節約等は適切なるこの国家目標の明示により最もよく実現せらるるであろう。今日のやり方は動《やや》もすれば百年の準備ありしマルクス流である。理論や機構が第一の問題とせられる。いたずらにそれらに遠慮してしかも気合のかからぬ根本原因をなしている。

どんな事があっても必ず達成しなければならぬ生産目標を明示し、各部門毎に最適任者を発見し、全責任を負わしめて全関係者を精神的に動員して生産増加を強行する。政府は各部門等の関係を勇敢親切に律して行く。そうすれば全日本は火の玉の如く動き出すであろう。資本主義か国家社会主義か、そんな事は知らない。どうでも宜しい、無理に資本主義の打倒を策せずとも、資本主義がこの大生産に堪え得なければ自然に倒れるであろう。時代の要求に合する方式が必ず生まれて来る。昭和維新のため、革新のための昭和維新ではない。最終戦争に必勝の態勢を整うるための昭和維新である。必勝せんとする国民、東亜諸民族の念力が自然裡に昭和維新を実行するのである。

この意気、この熱意、この建設は自然に世界無比の決戦兵器をも生み出す。即ち今日持久戦争に対する国防の確立が自然に将来戦争に対する準備となるのである。

第三節　満州国の責務

ソ連が東亜連盟を侵す径路は三つある。第一は満州国であり、第二は外蒙方面より蒙疆地方への侵入、第三は新疆方面である。その中で東亜連盟のため最も弱点をなすものは第三であり、最も重要なるものは第一である。満州国の喪失は東亜連盟のためほとんど致命的と言える。日華両国を分断しかつ両国の中心に迫る事となる。満州国は東亜連盟対ソ国防の根拠地である。東亜連盟が直接新疆を防衛する事は至難であるが、満州国のソ領沿海州に対する有利な位置は在満州国の兵備が充実しておれば間接に新疆方面をも防衛することとなる。

この大切な満州国の国防は、日満議定書に依り日満両国軍隊共同これに当るのである。

満州軍の建設には人知れざる甚大な努力が払われた。これに従軍した人々の功績は満州建国史上に特筆せらるべきものである。しかるに満州軍に対する不信は今日なお時に耳にするところである。たしかに満州軍は今日も背反者をすら出す事がある。しかし深くその原因を探求すべきである。満州軍の不安は実に満州国の不安を示しているのである。満州国内に於て民族協和の実が漸次現われ、民心比較的安定した支那事変勃発頃の満州軍は、恐らく最良の状態にあったものと思う。その後事変の進むに従い漢民族の心は安定を欠き、一方大量の日系官吏の進出と経済統制による日本人の専断が、民族協和を困惑する形となり、統制経済による不安と相俟って民心が逐次不安となって来た。この影響はただちに治安の上に現われ、満州軍の心理をも左右するのである。満州軍は要は満州国の鏡とも見る事が出来る。

支那事変に於ける漢民族の勇敢さを見ても、満州国が真にその建国精神を守り、正しく発展するならば満州軍は最も有力なる我らの友軍である。若し満州軍に不信ならば満州国人の心理に深く注意すべく、自ら満州国の民心を把握していない事を覚らねばならぬ。

満州国の民心安定を欠く時は共産党の工作が進展して来る。非常に注意せねばならない。これがため共産党の取締はもちろん大切であるが、更に大切なのは民心の安定である。元来漢民族は共産主義に対し、日本人のように尖鋭な対抗意識を持たない。防共ということはどうもピンと来ぬらしい。彼らは共産主義は恐れていない。故に防共の第一義は民心を安定し、安居楽業を与える事である。多くの漢人に対し共産主義の害毒を日本人に対するように宣伝をしてもどうも余り響かないらしい。共産主義が西洋覇道の最先端にある事を明らかにし、国内で真に王道を行なえば共産軍は大して心配の必要なく、民心真に安定すればスパイの防止も自然に出来る。民心が離れているのに日系警官や憲兵でスパイや謀略を防がんとしても至難である。

満州国防衛の第一主義は民心の把握であり、建国精神、即ち民族協和の実践である事を銘心せねばならぬ。

かつて昭和十二年秋関東軍参謀副長として着任、皇帝に拝謁の際、皇帝から「日系軍官」の名を無くして貰いたいとの御言葉を賜って深く感激したことがある。これは今日も遺憾ながら実現せられていない。私としては誠に御申訳ないと自責しているのである。

複合民族の国家では各民族軍隊を造る事が正しいと信ずる。即ち満州国では日本人は日満議定書に基づき、日本軍隊に入って国防に当るのであるが、それ以外の民族は各別に軍隊を編制すべきである。現に蒙古人は蒙古軍隊を造っているが、朝鮮軍隊も編成すべきである（一部は実行せられているが、大々的に）。回々（イスラム）軍隊も考えられる（これは朝鮮軍隊ほど切実の問題ではない）。軍隊は兵器を持って危険な存在だから、言語や風俗を異にする民族の集合隊は適当と言えぬ。

日本人が漢民族の軍隊に入って働くのを反対するものではない。しかしそれは漢人の一員たる気持であらねばならぬ。皇帝が日系軍官の名称を止めよと仰せられた御趣旨もここにあると拝察する。諸民族混住の国に於て官吏は日系、満系、朝鮮系等のあるは自然であるが、軍隊は各民族軍隊を造るのであるから、漢民族の軍隊の中に「日系軍官」

なる名称の有せらるるは適当でない。

田舎の満州人警察の中に少数の日系警官を入れて指導する考えらしいが、この日系警官が満州国不安の一大原因となっているのは深く反省せねばならぬ。他民族の心理は内地から出稼ぎに来た人々に簡単に理解せられない。警官には他民族の観察はほとんど不可能であり、また満州人警官の取締りも適切を欠く。

満州国内匪賊の討伐は実験の結果に依ると、日本軍を用うるは決して適当でない。匪賊と良民の区別が困難であり、各種の誤解を生じ治安を悪化する虞が大きい。満州国の治安は実に満州軍が主として匪賊討伐にあたるようになってから急速に良くなったのである。満州国内の治安は先ず主として満州軍これにあたり、逐次警察に移し、満州軍は国防軍に編制するようにすべきである。国兵法の採用により画期的進歩を期待したい。

有事の日は、日本陸軍の主力は満州国を基地として作戦する事自明であるが、その厖大な作戦資材、特に弾薬、爆薬、燃料等は満州国で補給し得るようにせねばならない。満州国経済建設はこれを目途としている事と信ぜられるが、その急速なる成功を祈念する。

糧秣その他作戦軍の給養を良好にするため北満の開発が大切であり、北辺工作はその目的が多分に加味されている事は勿論である。しかし日本軍自体もこの点については更に明確な自覚を必要とする。ソ連が五個師団増加せば我もまた五個師団、十個師団を持って来れば我もまた十個師団を進めねばならない。それには迅速に兵営等の建築が必要だが、今日までの如き立派なものでは到底間に合わない。

幸い青少年義勇軍の古賀氏の建築研究は着々進んでいるから、これを採用すれば必ず軍の要求に合し得るものと信ずる。浮世が恋しい人々は現役を去るが宜しい。昭和維新のため、東亜連盟結成のため、満州国国防完成のため、我らは率先古賀氏のような簡易な建築を自らの手で実行し、自ら耕作しつつ訓練し、北満経営の第一線に立たねばならぬ。

新体制とか昭和維新とか絶叫しながら、内地式生活から蝉脱出来ない帝国軍人は自ら深く反省せねばならぬ。

我ら軍人自ら昭和維新の先駆でなければならぬ。それがために自ら今日の国防に適合する軍隊に維新せねばならぬ。北満無住の地は我らの極楽であり、その極楽建設が昭和の軍人に課せられた任務である。

（昭和十六年一月一一日）

本書は『最終戦争論・戦争史大観』（〔石原莞爾選集3　最終戦争論〕一九八六年三月たまいらぼ刊）を底本とし、『戦争史大観』（一九五三年三月　石原記念館遺著保存部刊）をも参照した。

「戦争史大観」『最終戦争論・戦争史大観』一九九三年　中公文庫

解説

佐高　信

ここに一九七六年春に出た『石原莞爾全集』のパンフレットがある。白土菊枝を代表とする「石原莞爾全集刊行会」が販売宣伝用につくったものである。六人の人間が「すいせんのことば」を書いているが、驚くのは、元陸軍大将の菅原道大らにまじって、淡谷悠蔵や鈴木安蔵といった、革新的な人も名を連ねていることである。

淡谷はこう書く。

「将軍であったからといって、石原莞爾を右翼ときめつけてしまうことに、ある残酷を感じる。戦争に対しても、政治に対しても独自の見解を持ち、不動の信念をもっていた石原莞爾という一人の人間の人間像を全的に今あらためて見直すことは大切なことであり、そのかずかずの定評ある著作を、次の時代に残すということは重要なことである。満洲建国だって、二・二六事件だって、大東亜戦争だってそこにまた新しい解明の鍵を持つことになるのではないか」

淡谷は絶讃してはいないが、次の市川房枝の推薦文には腰を抜かすほど驚いた。

「私は石原中将の著書の一部しか読んだことがありません。しかし氏の中将時代即ち京都の師団長であった時代に、京都のお宅と軍人会館でおめにかかり、そのお人柄と、中国に対してのお考えに敬服し、氏を中心とした東亜連盟にも一時参加したことがあります。

私は百姓の娘でしたので偉い軍人には全く知人はなく、婦人に無理解で、戦争の好きな軍人軍部にずっと反感を持っていました。

しかし石原中将は軍人でも違う、今までにない偉い軍人だと思います。

此度、白土菊枝さんの努力で将軍の全集が刊行されることになったのは、まことにうれしく、軍部や戦争に関心をもっていられる方々には、是非この全集を読んで下さるようおすすめします」

このころ市川は参議院議員でクリーンの代名詞のようにいわれていた。発覚したロッキード事件の田中角栄以下の面々と対極に位置する人物のように見られていたのである。

その市川がここまで石原を持ち上げていいのか？　のちに私が同郷である石原の評伝（『黄沙の楽土——石原莞爾と日本人が見た夢』朝日新聞社）を書こうと思う契機の一つにそれはなった。

市川の言葉を借りれば、石原中将は「満洲事変勃発のときは中佐で、関東軍作戦主任参謀の任にあり、関東軍の推進力として事変の強行、満洲国建設に活躍した。日華事変突入当時は参謀本部第一部長で、対ソ戦本位の立場から、対中戦争不拡大を主張した。ついでまた関東軍参謀副長として赴任したが、東条英機らの統制派と対立し、内地に帰され京都の師団長となった」（『市川房枝自伝』）人であり、また、右翼の黒幕の児玉誉士夫が「接近していろんな連絡にあたっていた」（児玉自伝『悪政・銃声・乱世』）人でもあった。

私は二〇〇〇年春に出した私なりの石原伝を「二人の女性の対照的な石原観」から書き始めている。

一人は市川房枝であり、もう一人は犬養道子である。市川の石原観はすでに記したが、犬養は『ある歴史の娘』（中公文庫）にズバリとこう書いた。

「祖父犬養木堂暗殺の重要要素をなした満洲問題は、その発生から満洲国建立までの筋書一切を、極端に単純化して言うなら、たったひとりの、右翼的神がかりの天才とも称すべき人間に負うていた。『満洲問題解決のために犬養のよこす使者はぶった斬ってやる！』と叫んだあの、石原莞爾その人である」

一九三一年九月十八日夜の柳条湖事件をキッカケに満州事変は始まった。それを起こしたのが石原であることは、石原讃歌の伝記も認めている。あえて私はそれらの伝記を使ったが、讃仰者もそれは否定できないのである。

柳条湖事件を中国では「九・一八事変」と呼び、断じて忘れないための記念館を建てている。そこには、首謀者としてただ二人、板垣征四郎と石原莞爾のレリーフが掲示されていた。

ちなみに、指揮者の小沢征爾の名前は、板垣征四郎の征と石原莞爾の爾からとられている。小沢の父親の医師、開策が満州に王道楽土をという思想を信じ、満州青年連盟の中心人物として活躍して板垣と石原を尊敬していたからである。

この満州事変の翌年に「五・一五事件」が起こり、犬養道子の祖父、毅は暗殺された。直接の下手人ではなくても、真犯人は石原だと道子は指弾しているわけだが、「今までにない偉い軍人」と持ち上げた市川とはあまりに対照的な石原観だろう。

「市川の仰ぐ石原像と、犬養道子の指差す石原像の、どちらが石原の実像に近いか」をできるだけ丹念に検証してゆきたい、と私は第一章に書き、評伝をスタートさせた。

そして、最終章を「放火犯の消火作業」とせざるをえなかった。どう甘く評価しようとしても、火をつけた責任は免れないのであり、のちの行動によってそれを帳消しにはできないと断定したのである。

それが当たっているかどうか、読者はこれを読んで自らの判断を持ってほしい。市川型になるのか、犬養型になるのか、もちろんそれは自由だろう。私は犬養型になったということを、参考までに報告しておくだけである。

一九七三年にヴェトナム戦争の火を消したとして、キッシンジャーと、交渉相手のレ・ドゥク・トが共にノーベル平和賞に選ばれたことがあった。しかし、レ・ドゥク・トは、「平和はまだ南ヴェトナムにもたらされてはいない」と言って、これを拒否する。

放火犯に消火賞を送るようなキッシンジャーの受賞には異論が沸騰したが、この例を引きながら、私はこう書いた。

「私にはいま、キッシンジャーと石原莞爾が重なって見えてならない。対中国戦争不拡大と東条英機との衝突によって、石原はあたかも平和主義者のように偶像視されている。しかし、満州事変の火をつけ、それから十五年にわたる戦争の口火を切ったのは明らかに石原であり、その後いかに『平和工作』を進めたからといって、放火の罪は消えるものではない。

もちろん、不拡大と反東条は本気でそうしたのだろう。たとえば、松本重治の『上海時代』（中公文庫）にも、戦争不拡大派のリーダーとして石原が描かれている」

こう断罪したが故に、とりわけ郷里の石原信者から、私は、

「佐高信の人格を疑う」

とまで非難されている。

しかし、誰をも神格化してはならない。神にしてしまうことは、その人を実像から遠

ざけることである。

市川房枝は「今までにない偉い軍人」と礼讃したが、石原はやはり「軍人」なのであり、軍人としてどうだったかを冷静に判断しなければならない。それには、この本が恰好の出発点となるだろう。

「下の者にいばらなかった」とか、その人格によって、軍人石原の評価が左右されてはならないのである。

石原はやはり、絶対値の大きい人間だった。しかし、それはマイナスの符号をつければマイナスの方に大きく振れ、プラスの符号をつければ、プラスの方に大きく振れるということである。

市川房枝はプラスの方に振り、犬養道子はマイナスの方に振った。読者がどちらの方に振ることになるか、読者自身の判断を待ちたい。

中公文庫

戦争史大観《せんそうしたいかん》

1993年7月10日　初版発行
2002年4月25日　改版発行
2019年3月30日　改版7刷発行

著　者　石《いし》原《はら》莞《かん》爾《じ》

発行者　松田陽三

発行所　中央公論新社
〒100-8152　東京都千代田区大手町1-7-1
電話　販売 03-5299-1730　編集 03-5299-1890
URL http://www.chuko.co.jp/

DTP　ハンズ・ミケ
印　刷　三晃印刷
製　本　小泉製本

Published by CHUOKORON-SHINSHA, INC.
Printed in Japan　ISBN978-4-12-204013-7 C1130

定価はカバーに表示してあります。落丁本・乱丁本はお手数ですが小社販売部宛お送り下さい。送料小社負担にてお取り替えいたします。

中公文庫既刊より

い-61-2
最終戦争論
石原莞爾
戦争術発達の極点に絶対平和が到来する。戦史研究と日蓮信仰を背景にした石原莞爾の特異な予見は、日本を満州事変へと駆り立てた。〈解説〉松本健一
203898-1

シ-10-1
戦争概論
ジョミニ
佐藤徳太郎 訳
19世紀を代表する戦略家として、クラウゼヴィッツと並び称されるフランスのジョミニ。ナポレオンに絶賛された名参謀による軍事戦略論のエッセンス。
203955-1

ク-7-1
補給戦 何が勝敗を決定するのか
M・v・クレフェルト
佐藤佐三郎 訳
ナポレオン戦争からノルマンディ上陸作戦までの戦争を「補給」の観点から分析。戦争の勝敗は補給によって決まることを明快に論じた名著。〈解説〉石津朋之
204690-0

と-18-1
失敗の本質 日本軍の組織論的研究
戸部良一／寺本義也／鎌田伸一／杉之尾孝生／村井友秀／野中郁次郎
大東亜戦争での諸作戦の失敗を、組織としての日本軍の失敗ととらえ直し、これを現代の組織一般にとっての教訓とした戦史の初めての社会科学的分析。
201833-4

き-46-1
組織の不条理 日本軍の失敗に学ぶ
菊澤研宗
個人は優秀なのに、組織としてはなぜ不条理な事をやってしまうのか？　日本軍の戦略を新たな経済学理論で分析、現代日本にも見られる病理を追究する。
206391-4

マ-10-5
戦争の世界史（上）技術と軍隊と社会
W・H・マクニール
高橋均 訳
軍事技術は人間社会にどのような影響を及ぼしてきたのか。大家が長年あたためてきた野心作。上巻は古代文明から仏革命と英産業革命が及ぼした影響まで。
205897-2

マ-10-6
戦争の世界史（下）技術と軍隊と社会
W・H・マクニール
高橋均 訳
軍事技術の発展はやがて制御しきれない破壊力を生み、人類は怯えながら軍備を競う。下巻は戦争の産業化から冷戦時代、現代の難局と未来を予測する結論まで。
205898-9

各書目の下段の数字はISBNコードです。978－4－12が省略してあります。